Schmidt
Brandschutz *in der Elektroinstallation*

**ELEKTRO
PRAKTIKER**
Bibliothek

*Herausgeber: Dipl.-Ing. Klaus Bödeker, Dr.-Ing. Horst Möbus,
Obering. Heinz Senkbeil*

Friedemann Schmidt

Brandschutz
in der Elektroinstallation

unter Mitarbeit von Jürgen Tretter

Verlag Technik Berlin

Warennamen werden in diesem Buch ohne Gewährleistung der freien Verwendbarkeit benutzt.
Texte, Abbildungen und technische Angaben wurden sorgfältig erarbeitet. Trotzdem sind Fehler nicht völlig auszuschließen. Verlag und Autor können für fehlerhafte Angaben und deren Folgen weder eine juristische Verantwortung noch irgendeine Haftung übernehmen.

Die Deutsche Bibliothek – CIP-Einheitsaufnahme

Schmidt, Friedemann:
Brandschutz in der Elektroinstallation / Friedemann Schmidt. unter Mitarb. von Jürgen Tretter. – 1. Aufl. – Berlin: Verl. Technik, 1996
   (Elektopraktiker-Bibliothek)
   ISBN 3-341-01144-7

ISSN 0946-7696
ISBN 3-341-01144-7

1. Auflage
© Verlag Technik GmbH, Berlin 1996
VT 2/7047-1
Printed in Germany
Gestaltung, Reproduktion und Satz: huss GmbH Berlin
Druck und Buchbinderei: Druckhaus „Thomas Müntzer" GmbH, Bad Langensalza (Thüringen)

Vorwort

Die Versicherungswirtschaft registrierte 1994 in der BRD etwa alle drei Minuten einen Brand. Der Schaden lag bei annähernd 5,2 Milliarden DM. Immer wieder sind Menschenleben zu beklagen, unersetzliches Kulturgut wird Raub der Flammen.
Der vorbeugende Brandschutz ist schon längst nicht mehr nur Aufgabe der Baufachleute. Auch Elektroplaner und Elektroinstallateure tragen eine hohe Verantwortung dafür, daß ihre Anlagen weder zum Brandstifter werden noch die Ausbreitung von Bränden begünstigen.
Immerhin sind Elektroanlagen in allen Bereichen der modernen Gesellschaft zu finden. Oft dienen sie der Versorgung sensibler technischer und technologischer Systeme mit hohem Zuverlässigkeitsbedürfnis oder übernehmen die Aufrechterhaltung des Sicherheitsbetriebes in Gebäuden mit großen Menschenansammlungen und in Krankenhäusern.
Hierzu durchdringen Kabel und Leitungen alle raumbegrenzenden Bauteile – auch solche mit Brandschutzfunktion –, verlaufen in Rettungswegen und werden an Anlagen herangeführt, deren Ausfall in Notsituationen unabsehbare Folgen hätte.
Diese Broschüre hat sich zum Ziel gestellt, dem Planer, Installateur und Betreiber elektrotechnischer Anlagen den vorbeugenden Brandschutz näherzubringen.
- Es werden die wesentlichen Begriffe, soweit sie zum Verständnis des Anliegens nötig sind, näher erläutert.
- Die der Elektrofachkraft schon aus den VDE-Bestimmungen bekannten Brandschutzforderungen an ausgewählten Anlagen sind hier anhand von Praxisfragen und -antworten behandelt.

- Ein wesentlicher Abschnitt befaßt sich mit der Ausführung der Elektroanlagen in Rettungswegen.
- Für bauliche Anlagen besonderer Art oder Nutzung werden die entsprechenden Forderungen aus den Landesbauordnungen der einzelnen Bundesländer berücksichtigt.

Ich bin sicher, daß diese Broschüre noch Fragen offen läßt. Daher danke ich schon jetzt jenen Lesern, die mit sachlicher Kritik und ihren Fragen aus der täglichen Praxis zur Verbesserung einer weiteren Ausgabe beitragen.

Besonderen Dank dem Herausgeber Herrn *Heinz Senkbeil* für seine mutgebende Unterstützung und die vielen Hinweise zum Inhalt sowie meinem Sohn *Oliver* für die zeitaufwendige Textbearbeitung am PC.

Für die Überlassung von Werkfotos und -schriften danke ich den im Text genannten Fachfirmen.

F. Schmidt

Inhaltsverzeichnis

1	Zur Arbeit mit dem Buch	9
2	Rechtsgrundlagen, Normen, Richtlinien	10
3	Allgemeines zum baulichen Brandschutz	19
	(Begriffe, Zündquellen, Brandentwicklung, Stoffeinteilung, Kennzeichnung von Bauprodukten, Feuerwiderstandsklassen, Einteilung und Prüfung von Baustoffen, Brandlast)	*19*
4	Brandschutz in ausgewählten Elektroanlagen	43
4.1	*Elektrische Betriebsstätten in baulichen Anlagen gemäß EltBauVO*	*43*
4.2	*Hausanschlüsse und Hausanschlußräume*	*50*
4.3	*Kabel- und Leitungsanlagen*	*54*
4.4	*Leuchten und Vorschaltgeräte*	*68*
4.5	*Elektroinstallationen in Gebäuden aus vorwiegend brennbaren Baustoffen*	*75*
4.6	*Elektroinstallationen in Möbeln und ähnlichen Einrichtungsgegenständen*	*80*
4.7	*Feuergefährdete Betriebsstätten*	*82*
4.8	*Blitzschutzanlagen*	*86*
5	Bautechnischer Brandschutz bei der Elektroinstallation in Rettungswegen	89
5.1	*Niederspannungsverteiler und Installationsgeräte in Rettungswegen*	*90*

5.2	*Die Leitungsanlage in Rettungswegen*	*97*
5.3	*Funktionserhalt*	*118*
6	**Prüfungen der Maßnahmen des Brandschutzes**	**131**
Anhang 1:	**Definitionen und Symbole**	**137**
Anhang 2:	**Fotos**	**140**
Literaturverzeichnis		**146**
Register		**00**

1 Zur Arbeit mit dem Buch

Viele Erläuterungen technischer Sachverhalte sind in Form von Praxisfragen und -antworten wiedergegeben. Die Fragen stammen vorrangig von Teilnehmern an Schulungen oder traten bei Diskussionen mit Fachkollegen auf.
Im Text werden
- mit eckigen Klammern [...] Literaturhinweise gekennzeichnet, deren genaue Angabe dem Literaturverzeichnis zu entnehmen ist,
- in runden Klammern (F ...) Bezüge zu anderen Fragen in dieser Broschüre hergestellt,
- alle Fachausdrücke, die im Anhang erläutert sind, *kursiv* hervorgehoben.

2 Rechtsgrundlagen, Normen, Richtlinien

Elektroinstallationen sind Bestandteile von Gebäuden und baulichen Anlagen. Die Forderungen, die im Baurecht verankert sind, gelten deshalb auch hier in vollem Umfang.
Baurecht ist Landesrecht. Jedoch stützen sich hierzu die Bestimmungen der Länder in ihrem Inhalt auf sogenannte Muster. Beispielsweise ist das „Muster" für die Landesbauordnungen die Musterbauordnung MBO in ihrer letzten Fassung vom 11. 12. 1993, die den Bau von Wohngebäuden und landwirtschaftlichen Betriebsgebäuden behandelt [55]. Für bauliche Anlagen besonderer Art oder Nutzung können weitergehende Anforderungen gestellt werden. Auch hierfür existieren Muster, die aber nicht in allen Bundesländern bauaufsichtlich eingeführt sind.
Neben den Bauordnungen gibt es Richtlinien, z. B. die „Richtlinien für die Verwendung brennbarer Baustoffe im Hochbau", und die anerkannten Regeln der Technik, z. B. die DIN- und DIN-VDE-Bestimmungen.

Frage 2.1 Welche Verbindlichkeit haben Bauordnungen, Richtlinien und die allgemein anerkannten Regeln der Technik?

Das Baurecht wird von gesetzgebenden Körperschaften (Landtage) beschlossen und ist unmittelbar geltendes Recht. Zur Untersetzung dienen Durchführungsverordnungen, Verwaltungsvorschriften, Verordnungen über bauliche Anlagen besonderer Art oder Nutzung und Verordnungen über das Bauaufsichts- und Bauplanungsrecht, die ebenfalls zwingende Vorgaben enthalten. Abweichungen davon sind nur in Form einer Befreiung möglich, die ausschließlich von demjenigen erteilt wird, der die jeweilige Vorschrift erlassen hat.

Im Baurecht enthaltene Kann- und Sollbestimmungen sind grundsätzliche Forderungen, von denen abgewichen werden darf.

Richtlinien stellen nur Möglichkeiten zur Realisierung baurechtlicher Forderungen dar. Wenn nachweisbar die gleiche Sicherheit auf anderen Wegen erreicht werden kann, sind auch andere Lösungen zulässig. Obwohl hiermit dem Planer und dem Installateur Spielraum eingeräumt ist, wird dieser Weg selten beschritten.

Normen und Regelwerke dienen der Erfüllung baurechtlicher Forderungen. Bei Einhaltung dieser allgemein anerkannten Regeln der Technik gelten diese Forderungen als erfüllt. Von ihnen darf abgewichen werden, wenn andere Lösungen nachweislich zu gleicher Sicherheit führen.

Sind Richtlinien, Normen oder andere Regelwerke in Gesetzen, Ordnungen oder Verordnungen aufgeführt, wie z. B. DIN 4102 in Bauordnungen, die DIN-VDE-Bestimmungen in der 2. Durchführungsverordnung zum Energiewirtschaftsgesetz usw., oder sind sie als Technische Baubestimmung bauaufsichtlich eingeführt, so werden diese in den Status des geltenden Rechts erhoben. Aber auch in diesem Fall darf von ihnen abgewichen werden, wenn sich die gleiche Sicherheit nachweislich auch mit anderen Möglichkeiten erreichen läßt **(Bild 2.1)**.

Beiblätter zu Regelwerken enthalten für spezielle Anwendungsfälle Festlegungen aus Normen sowie zusätzliche Vorgaben oder nur Hinweise. Indem in rechtlichen Regelungen auf sie Bezug genommen wird, werden diese Beiblätter dadurch zu gleichwertigen anerkannten Regeln; beispielsweise ist in DIN VDE 0108-1 auf die Einhaltung der Festlegungen im zugehörigen Beiblatt 1 hingewiesen.

Wer sich auf Richtlinien, Normen und Regelwerke stützt, dem kann kein fahrlässiges Verhalten unterstellt werden.

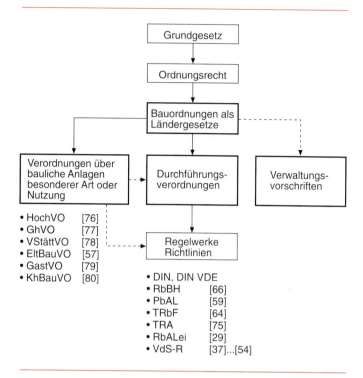

Bild 2.1 Zusammenhang zwischen den Rechtsvorschriften und den Regeln der Technik

Frage 2.2 Welche Unterlagen sollten dem Planer und dem Elektroinstallateur verfügbar sein?

Allein die allgemein anerkannten Regeln der Technik genügen nicht zur Erfüllung vieler Bauaufgaben. Die wichtigsten Unterlagen, die den Planern und Ausführenden darüber hinaus zur Verfügung stehen sollten, sind

– die jeweils zutreffenden Landesbauordnungen mit ihren Durchführungsbestimmungen,

– der Baugenehmigungsbescheid (Bauschein), der auf jeder Baustelle jederzeit zugänglich sein muß,

- Lagepläne zu Rettungswegen und Brandabschnitten sowie Angaben zu den Feuerwiderstandsklassen ihrer Raumbegrenzungen,
- Lagepläne zu Standorten der wichtigsten Anlagen, wie
  abgeschlossene elektrische Betriebsstätten,
  Haupt- und Unterverteilungen,
  Brandmelde- und Alarmzentralen,
  Zentral- oder Gruppenbatterien,
  Netzersatzanlagen
  sowie Angaben über den Charakter ihrer Nachbarräume, da sich u. U. an die Feuerwiderstandsklassen der Raumbegrenzungen erhöhte Anforderungen ergeben,
- Festlegungen zu bestimmten Räumen, z. B.
  Anwendungsgruppen medizinisch genutzter Räume,
  Zonen explosionsgefährdeter Räume,
  Lage feuergefährdeter Betriebsstätten.
- das Brandschutzgutachten.

Frage 2.3 Müssen Elektroanlagen in bestehenden Gebäuden den geltenden Normen des Brandschutzes angepaßt werden?

Nein. Sie haben Bestandsschutz, sofern sie den zum Zeitpunkt ihrer Errichtung geltenden baurechtlichen Vorschriften, z. B. in den neuen Bundesländern den TGL-Normen und Vorschriften der Staatlichen Bauaufsicht, entsprachen. Wollte man bestehende Anlagen neuen oder geänderten Normen immer wieder anpassen, entstünde eine endlose Änderungskette, die weder wirtschaftlich zu verkraften noch in jedem Fall technisch realisierbar wäre. Anpassungen an neue Regelungen sind nur erforderlich, wenn unmittelbare Gefahren für Leben und Gesundheit sowie für Sachwerte erkennbar sind, die neuen Regelungen dies ausdrücklich fordern, wie z. B. die Hamburger HaustechÜVO [65], oder dies behördlich angeordnet wird.

Zum Brandschutz in **bestehenden Hochhäusern** sind in den neuen Bundesländern von den Ministerien für Raumordnung,

Städtebau und Wohnungswesen Bestimmungen erlassen worden, z. B. der RdErl. des MRS vom 12. 11. 1993 [69]. Hiernach besitzen bestehende Hochhäuser Bestandsschutz, sofern sie den zum Zeitpunkt ihrer Errichtung geltenden Vorschriften entsprechen.

Das bedeutet u. a., daß

– Einbauten in Rettungswegen von Hochhäusern, mit Ausnahme von Sicherheitseinrichtungen und Briefkästen aus nichtbrennbaren Baustoffen, unzulässig sind. Also auch Unterverteilungen und Zählerplätze gehören nicht hierher.
– in Rettungswegen von Hochhäusern eine Sicherheitsbeleuchtung vorhanden sein muß (zur Anpassung sind Einzelbatterieleuchten mit einer Mindestbrenndauer von 1 Stunde gestattet).
– Gefahrmeldeanlagen und Rauchabzugsvorrichtungen von einer Ersatzstromquelle versorgt werden müssen.
– Blitzschutzanlagen notwendig sind.

Im o. g. RdErl. ist geregelt, daß durch die für den Brandschutz zuständige Behörde „unverzüglich" Überprüfungen in bestehenden Häusern vorzunehmen und für die Änderung die erforderlichen bauaufsichtlichen Anordnungen zu erlassen sind.

„Anpassungen an neues Recht müssen nicht zur völligen Übereinstimmung mit den neuen Rechtsvorschriften führen. Sie sind auch rechtlich gedeckt, wenn sie in der Zielrichtung der Anpassung der Vorschriften des Baurechts dienen und die Vermeidung einer konkreten Gefährdung ... bezwecken." [69].

Frage 2.4 In welchem Umfang müssen bei Modernisierungen die Vorschriften des Brandschutzes eingehalten werden?

Der „alte" Teil verbleibt in seinem Zustand, es sei denn, die Belassung des Zustandes führt zu Gefahren für Leben und Gesundheit oder für Sachwerte oder eine Vorschrift fordert die Anpassung an die aktuellen Regeln oder die Änderung ist behördlich angeordnet. Wenn keine Befreiung vorliegt (F 2.1), muß aber der rekonstruierte Teil den geltenden Normen entsprechen. Das ist eindeutig in den Einführungserlassen der Bundesländer zum Brandschutz von Leitungsanlagen als Technische Baubestimmung enthalten (s. z. B. in Teil II des Hamburgischen Gesetz- und Verordnungsblattes Nr. 32 vom 14. 2. 1995).

Auf Maßnahmen des Brandschutzes mit dem oft gebrauchten Argument verzichten zu wollen, es verblieben ja noch „so viele andere" brennbare Bauteile im Fluchtweg, wie hölzerne Treppen, Fußbodenbeläge, Telefon- und Antennenleitungen, würde zu der fatalen Situation führen, daß zu einst entstandenen Fehlern neue hinzugefügt werden. „Werden vorhandene Leitungen im Rahmen von Instandhaltungsmaßnahmen gleichwertig ersetzt, gilt Bestandsschutz. Werden als Ersatz vorhandener Leitungen nicht gleichwertige Lösungen erforderlich, ist die brandschutztechnisch wirksame Trennung der Geschosse zu gewährleisten." (RdErl. des MSR vom 12. 11. 1993 [69]). Das bedeutet, daß z. B. beim Umsetzen der Zählerplätze an eine zentrale Stelle die Verlegung der erforderlichen neuen Steigeleitungen zu den einzelnen Wohnungsverteilern den jetzt geltenden Forderungen entsprechen muß. Bei Ersatz alter Leitungen durch neue mit geänderten Querschnitten oder Aderzahlen sind also die jetzt geltenden Forderungen einzuhalten (F 5.12).

Frage 2.5 Gelten in allen Bundesländern die gleichen Rechtsvorschriften des baulichen Brandschutzes?

Festlegungen zum baulichen Brandschutz sind Länderrecht. Das bedeutet, daß jedes Bundesland eigene Bauordnungen, eigene Durchführungsverordnungen, eigene Sonderbau-Verordnungen usw. erläßt, die voneinander mehr oder weniger abweichen.

Zur Vereinheitlichung werden von der „Arbeitsgemeinschaft der für das Bau-, Wohnungs- und Siedlungswesen zuständigen Minister der Bundesländer (ARGE-BAU)" Muster vorgegeben, z. B. die Musterbauordnung vom 11. 12. 1993 [55].

Zwar zeigt sich nach der Novellierung der Länderbauordnungen in den vergangenen Jahren und Monaten eine deutliche Annäherung, aber Unterschiede bestehen nach wie vor.

Wir wollen die oben gestellte Frage auf das Anliegen unseres

Buches reduzieren und stellen fest, daß mit Blick auf die Elektroanlagen die Verordnungen der Länder im wesentlichen übereinstimmen. Auf erkannte Unterschiede wird bei der Beantwortung der Fragen in den jeweiligen Abschnitten dieser Broschüre hingewiesen.

Prinzipiell aber sollte den Planern, Errichtern und Betreibern baulicher Anlagen das Baurecht des jeweiligen Landes verfügbar sein (F 2.2).

Frage 2.6 Für welche baulichen Anlagen gelten die Richtlinien über brandschutztechnische Anforderungen an Leitungsanlagen?

Diese Richtlinien RbALei [29] gelten für
- Leitungsanlagen in Treppenräumen,
- das Führen von Leitungen durch Wände und Decken und
- elektrische Leitungsanlagen von notwendigen Sicherheitseinrichtungen,

ohne daß die Art der baulichen Anlagen direkt beschrieben wird. Da DIN VDE 0108 Teil 1 auf diese Richtlinie verweist, ist sie für bauliche Anlagen mit Menschenansammlungen anzuwenden, also für Versammlungsstätten, Geschäftshäuser, Ausstellungsstätten, Großgaragen, Hochhäuser, Schulen, bestimmte Arbeitsstätten sowie bauliche Anlagen, die durch bau- oder gewerberechtliche Vorschriften oder im Einzelfall durch den Baugenehmigungsbescheid hier einzuordnen sind. Im Text der Richtlinie sind jedoch auch weitere bauliche Anlagen genannt, z. B. Wohngebäude, die keine Hochhäuser sind.

Faßt man jetzt zusammen, so verbleiben kaum noch andere bauliche Anlagen, die hier nicht angesprochen wurden. Auch die hier vielleicht vermißten Krankenhäuser werden über DIN VDE 0107 [27] selbst in diese Richtlinie rangiert. Und für immer noch erkennbare Lücken gibt es letztlich die „Richtlinien über die Verwendung brennbarer Baustoffe im Hochbau RbBH" [66], auf die die Durchführungsverordnungen der meisten Länder Bezug nehmen und die in keinem Widerspruch zu den RbALei [29] stehen.

Fazit: Die Richtlinien über brandschutztechnische Anforderungen an Leitungsanlagen RbALei [29] gelten für alle baulichen Anlagen.

Frage 2.7 Welche Brandschutzbestimmungen gelten für das Betreiben elektrischer Anlagen?

Viele unserer DIN-VDE-Bestimmungen enthalten Aussagen auch zum brandschutzgerechten Verhalten und Betreiben elektrischer Anlagen, nicht nur DIN VDE 0105 [26] und DIN VDE 0132 [32]. Abschnitt 4 gibt zu ausgewählten Anlagen Antworten auf diese Frage.
Insbesondere wird auf die Richtlinien des Verbandes der Schadenversicherer VdS verwiesen [37] ... [54].

Frage 2.8 In welchem Umfang sind Mitarbeiter mit den Regeln des Brandschutzes vertraut zu machen?

Diese Frage stellt sich nicht nur hinsichtlich des Brandschutzes. Ganz allgemein regeln viele Normen, z. B. VBG 1 [72], VBG 4 [73], die ElBergV [74], DIN VDE 1000 Teil 10 [86], DIN VDE 0105 [26] usw., die Anforderungen an Arbeitskräfte, deren Belehrung „im erforderlichen Umfang", die Wiederholung der Belehrungen und den Umfang der Rechtsvorschriften, die den Mitarbeitern zur Verfügung stehen müssen.
Sowohl den Arbeitgebern als auch den Arbeitnehmern obliegen diesbezüglich Pflichten. Während der Unternehmer zur Schaffung aller Voraussetzungen angehalten ist, wird der Arbeitnehmer verpflichtet, diese auch zu nutzen.
Der „erforderliche Umfang" ist individuell und abhängig von der Aufgabe festzulegen, die der Einzelne wahrzunehmen hat. Es ist sicher nicht notwendig und vielleicht auch nicht sinnfällig, das Buchhaltungspersonal z. B. über Details des bautechnischen Brandschutzes zu belehren; für die Elektrofachkräfte der Montageabteilung aber ist das in einem bestimmten Umfang unerläßlich. Mindestens jährlich sind derartige Belehrungen zu wiederholen, zusätzlich immer dann, wenn sich für den Arbeitsbereich wichtige

Normen ändern oder neu erschienen sind bzw. eine neue Aufgabe übernommen wird.

Die für das Aufgabengebiet wichtigen Normen müssen den Arbeitnehmern jederzeit zugänglich sein. Aushänge, Arbeitsmappen und Betriebsanweisungen sind geeignete Möglichkeiten. Der Umfang ist wiederum vom jeweiligen Einzelfall abhängig.

3 Allgemeines zum baulichen Brandschutz

Um die im Baurecht verankerten Forderungen zum Brandschutz einhalten zu können, ist es erforderlich, daß auch die Elektrofachkraft die möglichen Ursachen einer Brandentstehung kennt. Sie muß ebenfalls mit den in den Rechtsgrundlagen, Normen und Richtlinien verwendeten Begriffen umgehen können und die notwendigen Kenntnisse über das Brandverhalten von Bauprodukten und ihre Klassifizierung besitzen.

Frage 3.1 Unter welchen Bedingungen kann ein Brand entstehen und sich ausbreiten?

Ein Brand kann nur entstehen und sich ausbreiten, wenn brennbare Stoffe, eine Zündquelle und Sauerstoff in ausreichendem Maße gleichzeitig vorhanden sind. Da der Sauerstoffanteil in der Luft hierfür bereits genügt, hängt die Auslösung eines Brandes nur noch von der Entflammbarkeit eines Stoffes ab (F 3.4) (F 4.49), sobald er mit einer Zündquelle in Berührung kommt.

Auch Elektroanlagen können Brände verursachen, wenn z. B. unzulässig erwärmte Kabel und Leitungen, Lichtbögen oder durch Isolationsdefekte hervorgerufene Fehlerströme zur Zündquelle werden.

Die weitere Ausbreitung eines so entstandenen Brandes hängt u. a. von der Brandlast, d. h. von der Menge der vorhandenen brennbaren Stoffe und ihren spezifischen Verbrennungswärmen oder Heizwerten (F 3.12), vom Sauerstoffangebot und vor allem davon ab, in welcher Qualität die Maßnahmen des baulichen

Brandschutzes gegen die Übertragung von Feuer und Rauch ausgeführt sind. Werden im Verlauf eines Brandes die Zündtemperaturen weiterer Baustoffe überschritten, kommt es zum spontanen Flammenübergriff (flash over) und einem sprunghaften Temperaturanstieg, in dessen Folge gar die statischen Grenzwerte von Baukonstuktionen überschritten werden können (F 3.3).

Frage 3.2 Welche elektrischen Zündquellen kommen in Betracht, und wie wirken sie?

Heiße Oberflächen und Lichtbögen sind die häufigsten elektrischen Zündquellen.

Heiße Oberflächen
Sie entstehen wunschgemäß in und an allen Elektrowärmegeräten. Temperaturen von mehreren 100 °C sind keine Seltenheit. Bei derartigen Größen ist die Zündtemperatur der meisten brennbaren Stoffe bereits überschritten. Zur Zündquelle werden sie oft durch unsachgemäßen Umgang.
Erwärmungen treten jedoch auch an unerwünschten Stellen auf. Grund dafür sind einige physikalische Gesetzmäßigkeiten, nach denen der Stromfluß durch ohmsche Widerstände – und ohne die geht es in der Elektrotechnik nun einmal nicht – immer mit einer Umwandlung elektrischer Energie in Wärmeenergie verbunden ist. Typische Beispiele hierfür sind die Erwärmung von Kabeln und Leitungen (zulässige Temperaturen 70 °C bis 180 °C) oder von Glühlampenkolben (Halogenlampen über 500 °C, Glühlampen je nach Einbaulage und Leistung 100 °C bis 300 °C). Schon Geräte mit einer Leistung von 10 bis 20 Watt sind in der Lage, Stoffe insbesondere dann zu entzünden, wenn sich Wärme anstauen kann. Ein Grund dafür, daß z. B. DIN VDE 0100 Teil 724 [22] das zwangsläufige Abschalten von Leuchten in Möbeln fordert, wenn sie sich in zuklappbaren Hohlräumen befinden. Auch DIN VDE 0165 [33] gestattet in staubexplosionsgefährdeten Bereichen beispielsweise nur Leuchten mit einer Oberflächentemperatur von 2/3 der Zündtemperatur der jeweiligen Stäube und verlangt bei Staubablagerungen von mehr als 5 mm Dicke

eine weitere Reduzierung der zulässigen Oberflächentemperatur. Jeder Elektriker weiß auch von heißen Schaltgeräten und Sicherungen, die dann erhebliche Temperaturen annehmen können, wenn Klemmstellen oder Kontakte nicht ordnungsgemäß sind. Viele solcher Kontaktstellen verschlimmern ihr Verhalten zusätzlich dadurch, daß ihr Widerstand durch (elektro-)chemische Vorgänge größer und die Erwärmung damit noch drastischer wird. Mit der Zeit entwickelt sich auf diese Weise in aller Stille ein potentieller Brandstifter (**Bild 3.1** im Anhang).

Lichtbögen

Sie sind oft auch eine Folge von Isolationsfehlern.

Schäden an Isolierungen können sowohl plötzlich eintreten oder sich auch allmählich entwickeln. Spontan eintretende Isolationsschwächen entstehen meist durch mechanische Beschädigungen oder infolge hoher elektrischer Überbeanspruchungen durch Spannungen oder Ströme. Schleichende Isolationsfehler müssen nicht immer gleich erkannt werden, „arbeiten" aber unentwegt an der Vergrößerung des Isolationsdefekts weiter, vor allem dann, wenn Feuchtigkeit, Überspannungen oder chemische Einflüsse hinzukommen. Glimmentladungen und Kriechströme von kaum 1 mA bleiben dabei auch empfindlichen FI-Schutzschaltern verborgen, führen aber in tage- und monatelanger Kleinstarbeit zur Zersetzung von Isolierstoffen, aus denen sich oft freier Kohlenstoff abscheidet. Damit nimmt die Leitfähigkeit zu, der Strom wird größer und vermag bei Stärken von 100 mA bis 200 mA durchaus leichtentflammbare Stoffe zu entzünden. Sofern es Ströme gegen Erde sind, werden sie nun von FI-Schutzschaltern erkannt. Daher verlangen viele Normen und Richtlinien den Einsatz solcher Schalter und das Mitführen des PE-Leiters auch zu schutzisolierten Betriebsmitteln als Überwachungsleiter in z. B. feuergefährdeten Betriebsstätten [21] [45].

Nicht selten entstehen bei Isolationsfehlern auch Lichtbögen hoher Intensität. Die Temperaturen erreichen ca. 3600 °C. Bestehen solche Lichtbögen zwischen aktiven Leitern, werden sie von FI-Schutzschaltern nicht abgeschaltet. Der Spannungsabfall über dem Lichtbogen ist etwa

$$U/_V = 40 + 10 \, l/_{cm},$$

wobei l die Lichtbogenlänge ist. Über einem z. B. 0,5 cm langen Lichtbogen fällt demnach eine Spannung von 45 V ab. Dieser Spannungsabfall kann wiederum den Strom so in Grenzen halten, daß vorgeordnete Schutzeinrichtungen erst nach erheblicher Verzögerung abschalten; die Wirkungsdauer ist damit groß und steigert das Brandrisiko enorm.

Die möglichen Lichtbogenlängen in Niederspannungsnetzen liegen zwischen 10 cm und 20 cm. Zusammen mit dem Bestreben in Richtung der Energiequelle zu laufen kann hieraus für einen Brand ein erhebliches Flächenrisiko erwachsen.

Frage 3.3 Wie stellt sich die Brandentwicklung zeitlich dar?

Prinzipiell läßt sich ein Brand als Temperatur-Zeit-Funktion beschreiben, deren Verlauf allerdings von vielen Faktoren abhängt, z. B. von der Entflammbarkeit der Stoffe, ihrem Anteil am Raumvolumen (Brandlast), der Raumgeometrie, den Luftströmungsverhältnissen (Sauerstoffangebot) u. v. a. m. Die von *Becker* (Neustadt/Weinstraße) entwickelte Darstellung $\vartheta = f(t)$ soll auch hier wiedergegeben werden (**Bild 3.2**).

Bis zum Brandbeginn haben Zündquellen soviel Energie auf brennbare Stoffe übertragen können, daß diese durch Glimmen oder gar Entflammen selbst Wärmeenergie abgeben. Zunächst sind nur die leichtentflammbaren Stoffe beteiligt. Die Raumtemperatur erhöht sich in der Folge auf solche Größen, bei denen auch die normal- und schwerentflammbaren Stoffe entzündet werden. Jetzt steigen innerhalb der kurzen Zeit des Feuersprungs die Temperaturen auf Werte zwischen 800 °C und 1500 °C (zum Vergleich die Schmelztemperaturen von Aluminium und Kupfer: 660 °C bzw. 1083 °C) und leiten die Phase des Vollbrandes ein. Dessen Dauer ist von der Brandlast und der Verbrennungsgeschwindigkeit abhängig, wenn nicht Löschmaßnahmen eingeleitet wurden. In seinem Verlauf können Entfestigungen die Baustatik in dramatischer Weise ruinieren; bereits bei Temperaturen über 450 °C ver-

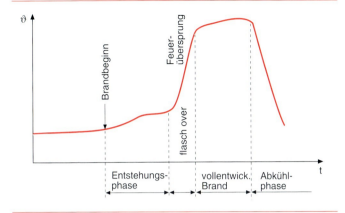

Bild 3.2 Zeitlicher Temperaturverlauf eines Brandes (nach Becker)

lieren beispielsweise Baustähle die ihnen zur Verbesserung der Tragfähigkeit auferlegten Vorspannungen. Zum Schutz gegen thermische Einflüsse werden daher solche Bauteile mit intumeszierenden Beschichtungen versehen.

Auch in der Phase des vollentwickelten Brandes müssen die getroffenen Vorkehrungen zum Funktionserhalt elektrischer Sicherheitssysteme greifen: Kabelbahnen dürfen nicht abstürzen, die Isolierungen müssen standhalten, die temperaturbedingten Widerstandserhöhungen elektrischer Leiter müssen in funktionssicheren Grenzen bleiben (s. Abschnitt 5.3).

Frage 3.4 Nach welchen Merkmalen lassen sich brennbare Stoffe einteilen?

Für die Beschreibung des Brandverhaltens **brennbarer Stoffe im allgemeinen** hat sich die Einteilung in drei Gruppen als ausreichend erwiesen. Eine solche ist auch in der Normung üblich, indem z. B. brennbare Baustoffe nach drei Klassen unterschieden werden (F 3.9).

Wir wollen zunächst ganz allgemein die brennbaren Stoffe nach typischen Merkmalen einteilen in
- leichtentflammbare Stoffe,

    zu deren Entzündung die Energie einer Streichholzflamme (etwa 10 J) genügt. Nach 10 Sekunden Wirkungsdauer glimmen oder brennen diese Stoffe mit konstanter oder größer werdender Geschwindigkeit selbständig weiter und spielen daher bei der Entstehung und Ausbreitung eines Brandes eine wesentliche Rolle.

    Typische Beispiele sind loses Papier, Stroh, viele Textilien, Magnesiumspäne und Holz bis zu einer Dicke von etwa 2 mm.
- normalentflammbare Stoffe,

    die sich ebenfalls mit relativ geringen Energien von etwa 10 kJ entzünden lassen. Sie verlöschen jedoch nach Entfernen der Zündquelle von selbst und tragen zur Brandentstehung weitaus weniger bei als die leichtentflammbaren Stoffe.

    Typische Beispiele sind Bitumendachpappe, PVC-Teile mit einer Dicke > 3 mm, einige Papp-, Papier- und Textilarten und Holzteile mit einer Dicke > 2 mm.
- schwerentflammbare Stoffe,

    zu deren Entzündung schon Energien von mehr als 100 kJ notwendig sein können. Nur energiereiche Zündquellen sind in der Lage, diese Stoffe zu entflammen. Nach Entfernen der Zündquelle verlöschen diese Stoffe sehr schnell. Ihr Beitrag zur Brandentstehung ist daher gering.

    Beispiele sind HWL-Platten, Holzbohlen oder imprägnierte Spanbauteile.

Beachte:
1. Für die Einteilung der **Baustoffe** nach ihrem Brandverhalten sind die o. g. Unterscheidungsmerkmale nicht ausreichend. DIN 4102 legt deshalb für diese genau definierte und reproduzierbare Prüfbedingungen sowie Beurteilungsmaßstäbe fest (F 3.9).
2. Nicht nur die Art des Stoffes, sondern auch seine physikalische Beschaffenheit, z. B. der Feuchtigkeitsgehalt, der Dispersions-

grad, der Oberflächenzustand oder seine Dichte sowie Umgebungsbedingungen, z. B. die Temperaturvorbelastung, Luftfeuchtigkeit u. ä., beeinflussen die Entflammbarkeit eines Stoffes.

3. Allein die Temperatur ist nicht dafür ausschlaggebend, ob ein Stoff entzündet wird oder nicht. Entscheidend sind die Energie der Zündquelle (Wärmeinhalt oder Enthalpie) **und** ihr Temperaturniveau. So z. B. erreicht ein einzelner Schleiffunke mit weit über 1000 °C zwar die Zündtemperatur der meisten brennbaren Stoffe, zu ihrer Entflammung ist jedoch die Wärmekapazität wegen seiner kleinen Masse nicht hinreichend. Andererseits kann eine Wärmequelle auch mit großer Enthalpie nicht zur Zündursache werden, wenn sie nicht über die Zündtemperatur des brennbaren Stoffes verfügt.

4. Die Wirkungsdauer der Wärmequelle spielt oftmals insofern eine große Rolle, als Stoffe unter thermischer Beanspruchung durch physikalische Veränderungen ihre Zündwilligkeit erhöhen. So läßt sich beispielsweise Holz durchaus schon bei 120 °C entzünden, wenn es über mehrere Tage dieser Temperatur ausgesetzt bleibt, obgleich die „normale" Zündtemperatur zwischen 250 °C und 300 °C liegt.

Frage 3.5 Wodurch unterscheiden sich Baustoffe und Bauteile?

Beide gehören zu den Bauprodukten (F 3.6).

Baustoffe sind definierte Stoffe und Mittel, mit denen Gebäude errichtet werden, z. B. platten- und bahnförmige Materialien, Verbundwerkstoffe, Bekleidungen und Beschichtungen.

Bauteile sind raumabgrenzende und/oder tragende Konstruktionen, z. B. Wände, Decken, Stützen, Treppen, Türen, Klappen und Verglasungen.

In den DIN-VDE-Bestimmungen treten beide Begriffe immer wieder auf. Der Praktiker sollte daher wissen, daß beispielsweise bei dem baurechtlichen Verbot **brennbarer Baustoffe** in Rettungswegen auch an **elektrische Leitungen** gedacht ist und im Unterschied dazu an **Bauteile** (zu denen beispielsweise Installationsschächte, -kanäle oder -verteiler gehören) Forderungen hinsichtlich ihres Feuerwiderstandes gestellt werden, zu dessen Wiederherstellung er z. B. bei Wand- und Deckendurchbrüchen verpflichtet ist.

Den Einsatz von Bauprodukten für die Errichtung, Änderung und Instandhaltung regelt das Bauproduktengesetz [1] als nationale Umsetzung der Bauproduktenrichtlinie 89/106/EWG vom 21.12.1988.

Frage 3.6 Wie werden Bauprodukte gekennzeichnet?

Die Bauordnungen unterscheiden „sonstige Bauprodukte" und „Bauprodukte".

Im Gegensatz zu „sonstigen Bauprodukten" müssen solche „Bauprodukte", deren Eigenschaften die wesentlichen Anforderungen eines Bauwerkes beeinflussen, eine bauaufsichtliche Zulassung und ein Prüfzeichen besitzen. Das Prüfzeichen ist entweder auf dem Bauprodukt, seiner Verpackung oder dem Lieferschein vermerkt. Es besteht aus dem Großbuchstaben „P", einer römischen Zahl und einer arabischen Ziffernfolge (z. B. P-II 3041); bestehen Auflagen für die Verwendung (im Prüfbescheid enthalten), beginnt das Prüfzeichen mit den Großbuchstaben „PA" (z. B. PA-III 2.840). Daneben ist eine Kennzeichnung mit dem Einheitlichen Überwachungszeichen (Ü-Zeichen) oder dem Zeichen der Europäischen Gemeinschaften (CE-Zeichen) möglich, womit der Hersteller bestätigt, daß diese Produkte dem Bauproduktengesetz [1] bzw. der Bauproduktenrichtlinie entsprechen **(Bild 3.3)**.

Außerdem müssen nach DIN 4102 geprüfte Baustoffe gekennzeichnet sein (z. B. „DIN 4102 Teil B 1").

Von der Kennzeichnungspflicht sind alle in DIN 4102 Teil 4 [5] genannten Baustoffe der Klasse A 1 sowie Holz und Holzwerkstoffplatten von über 400 kg/m^3 Rohdichte und über 2 mm Dicke ausgenommen.

a)

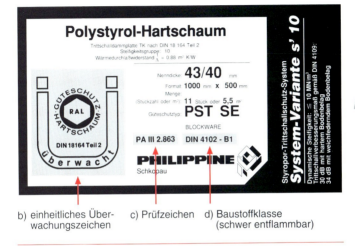

b) einheitliches Über- c) Prüfzeichen d) Baustoffklasse
wachungszeichen   (schwer entflammbar)

Bild 3.3   Kennzeichnung von Bauprodukten
a) Zeichen der Europäischen Gemeinschaften; b) Einheitliches Überwachungszeichen; c) Prüfzeichen; d) Nennung der Baustoffklasse

Frage 3.7 Welche Bedeutung haben die Buchstabenkennzeichnungen F, S, I und E aus DIN 4102?

Diese Buchstaben werden in Verbindung mit einer Zahl zur Kennzeichnung der Feuerwiderstandsdauer in Minuten angegeben, z. B. F 30, S 90 (F 3.8).

Das Kennzeichen **F** betrifft Bauteile, wie Wände, Decken etc. Wichtig für die Elektroinstallation ist die Forderung, Leitungsdurchführungen durch klassifizierte Bauteile so zu verschließen, daß deren Feuerwiderstandsdauer nicht gemindert wird (F 3.8).

Das Kennzeichen **S** bezieht sich auf Brandabschottungen. Die nach Teil 9 dieser Norm geprüften Schottungen gewährleisten den

Schutz gegen die Übertragung von Rauch und Feuer auf benachbarte Bereiche.

Das Kennzeichen **I** steht für Innenbeflammung **(Bild 3.4)**. Teil 11 der Norm beschreibt die Prüfbedingungen. Das Schutzziel besteht darin, die Auswirkung von Leitungsbränden auf bauliche Bereiche in Grenzen zu halten.

Während der angegebenen Zeit, z. B. 60 Minuten bei I 60, müssen die Anforderungen nach DIN 4102 Teil 11 [9] eingehalten werden, d. h. der Durchgang von Feuer und Rauch muß verhindert sein, auf der Kanalaußenseite dürfen die mittleren Temperaturen um nicht mehr als 140 K (örtlich 180 K) angestiegen sein, und die Funktionsfähigkeit z. B. von Revisionsklappen muß erhalten bleiben.

Mit dem Kennzeichen **E** wird nach Teil 12 der Funktionserhalt von Kabelanlagen für Nennspannungen bis 1000 V symbolisiert. Bei

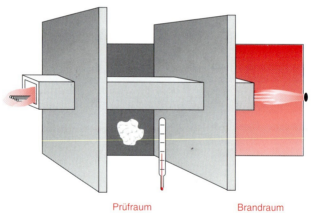

Prüfraum
- keine Flammen
- kein Entzünden eines Wattebausches
- keine Temperaturerhöhung > 180 °C
- und kein Rauch

Brandraum
- Brand von innen

Bild 3.4   Prüfung eines Installationskanals durch Innenbeflammung nach DIN 4102 Teil 11 [TEHALIT]

FWK-Elektro-Installationskanal-Systemtechnik
in Verwaltungs- und Zweckgebäuden

Wirksam schützend

FWK-Feuerwiderstands-fähiges Elektro-Installationskanal-System für wirksamen Schutz im Brandfall

Baulicher Brandschutz ist in vielen Gebäuden eine unverzichtbare Notwendigkeit.

Im Brandfall müssen Sicherungseinrichtungen, Rettungs- und Fluchtwege möglichst lange funktionsfähig bleiben. Brandmelder, Notbeleuchtung, Rauchklappen und Antriebe für Brandschutztore müssen ihre Funktion ausführen können. Durch intensive Entwicklungsarbeit hat TEHALIT für diese Aufgaben die FWK-Feuerwiderstandsfähige Systemtechnik geschaffen.

In Verwaltung, Gewerbe, Handel, Hotels und anderen Zweckgebäuden haben sich die FWK-Kanäle bewährt und durchgesetzt.

Die Gründe: Erfüllung der Vorschriften, geprüft nach DIN 4102, Teil 11 und 12, Innen- und Außenbeflammung, Feuerwiderstandsklasse I 90 / I 120, Teil 12 Außenbeflammung, Feuerwiderstandsklasse E 60 / E 90, stoßfeste Ummantelung aus Stahlblech, Innenauskleidung aus verstärktem Gips, sicherer Schutz von Leitungen, Räumen und Wegen.

TEHALIT ■ Systeme für die flexible Elektroinstallation

TEHALIT GmbH
Marketingservice
67716 Heltersberg/Pfalz
Telefon (0 63 33) 992 - 0
Telefax (0 63 33) 992 - 449

WICHMANN
Brandschutz-Systeme

Kabelabschottung **WD 90**

System-Wichmann

Die Abschottung bietet
ein breites Einsatzspektrum
und zeichnet sich
durch problemloses
Einbauen und Nach-
installieren aus.

Als Brandschutz-
maßnahme wurden
im zweithöchsten
Bürogebäude in
Frankfurt über
4500 Kabelabschottungen
eingebaut.

Siemensstraße 7, 57439 Attendorn-Ennest
Telefon 02722 - 5937, Fax 02722 - 52818

den Prüfungen erfolgt die Beflammung von außen (**Bild 3.5**). Zum Funktionserhalt gehören sowohl die mechanische Beständigkeit der Kabelanlage als auch die Beibehaltung ihrer elektrischen Parameter in solchen Grenzen, in denen das sichere Betreiben über sie versorgter Einrichtungen während des Klassifizierungszeitraumes möglich ist, also z. B. 30 Minuten bei E 30 (**Bild 3.6** im Anhang).

Unterschieden werden die Funktionserhaltsklassen E 30, E 60 und E 90 (**Bild 3.7** im Anhang).

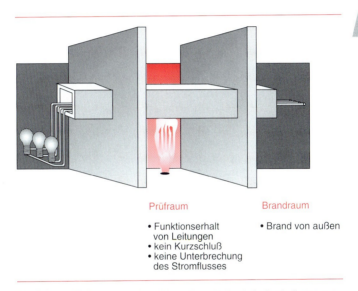

Prüfraum
- Funktionserhalt von Leitungen
- kein Kurzschluß
- keine Unterbrechung des Stromflusses

Brandraum
- Brand von außen

Bild 3.5 Prüfung eines Installationskanals durch Außenbeflammung nach DIN 4102 Teil 12 (Funktionserhalt) [TEHALIT]

Frage 3.8 Was sind Feuerwiderstandsklassen ?

Das Brandverhalten von Bauteilen wird nach DIN 4102 Teil 2 [3] geprüft und und auch durch die Feuerwiderstandsdauer beschrieben (**Tafel 3.1**).

Tafel 3.1   Feuerwiderstandsklassen von Bauteilen

Feuerwiderstandsklasse	Feuerwiderstandsdauer/min
F 30	≥ 30
F 60	≥ 60
F 90	≥ 90
F 120	≥ 120
F 180	≥ 180

Die Prüfungen finden unter den Bedingungen eines Vollbrandes statt (F 3.3). Dabei wird der zeitliche Brandverlauf nach der international genormten Einheits-Temperatur-Zeit-Kurve ETK gesteuert **(Bild 3.8)**.

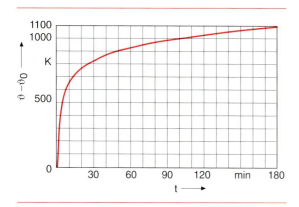

Bild 3.8   Einheitstemperaturzeitkurve ETK

Bauteile müssen während dieser Dauer
- den Durchgang des Feuers verhindern,
- die Temperaturerhöhung auf ihrer dem Brand abgekehrten Seite im Durchschnitt auf 140 K begrenzen; örtlich ist eine Erhöhung von 180 K gegenüber der Anfangstemperatur zulässig,
- ihre tragenden Eigenschaften beibehalten.

An Sonderbauteile werden zusätzliche Anforderungen, z. B. Rauchdichtheit, gestellt. Statt der allgemeinen Kennzeichnung mit „F" werden charakterisierende Buchstaben verwendet **(Tafel 3.2)**:

Tafel 3.2 Übersicht über einige Sonderbauteile und ihre Klassifizierung

Sonderbauteil	Klassifizierung	DIN 4102
Wände	W 30 ... W 180	Teil 3
Feuerschutzabschlüsse	T 30 ... T 180	Teil 5
Lüftungsleitungen	L 30 ... L 180	Teil 6
Brandschutzklappen	K 30 ... K 90	Teil 6
Kabelabschottungen	S 30 ... S 180	Teil 9
Installationskanäle	I 30 ... I 120	Teil 11
Rohrabschottungen	R 30 ... R 120	Teil 11
Verglasungen	G 30 ... G 180	Teil 5 u. 13
Funktionserhalt	E 30 ... E 90	Teil 12

Die Zahlen hinter den Buchstaben geben die Feuerwiderstandsdauer in Minuten an.

Frage 3.9 Wie werden Baustoffe hinsichtlich ihres Brandverhaltens geprüft und eingeteilt?

In F 3.4 ging es um Stoffe im allgemeinen Sinne. Baustoffe gehören also ebenfalls dazu. Sie sind am Bau selbst beteiligt und beeinflussen mit ihren Eigenschaften dessen Funktionen, z. B. Tragfähigkeit, Feuerwiderstandsdauer usw. Deshalb liegt ihrer Einstufung ein genaues Beurteilungssystem zugrunde. Baustoffe werden hinsichtlich ihres Brandverhaltens eingeteilt (klassifiziert) in die Baustoffklassen A (nichtbrennbar) und B (brennbar). Unterklassen A 1, A 2 und B 1 bis B 3 ermöglichen eine genauere Beschreibung ihres Brandverhaltens **(Tafel 3.3)**. DIN 4102 legt die Prüfbedingungen und die Beurteilungsmaßstäbe fest.

Baustoffe der Klasse A 1 (nichtbrennbar)

werden im Ofenversuch bei 750 °C getestet. Sie dürfen nicht entflammen, und ihre Verbrennungswärme darf nicht zu einer Temperaturerhöhung von mehr als 50 K im Ofen führen.

Zu ihnen gehören Erden und vorwiegend anorganische Substanzen wie Lehm, Kies, Sand, Mörtel, Beton, Steine und Bauplatten aus mineralischen Bestandteilen, Ziegel, Glas, Metall mit Ausnahme der Erdalkalimetalle einschließlich ihrer Legierungen.

Tafel 3.3   Baustoffklassen und ihre bauaufsichtliche Benennung

Baustoffklasse	Bauaufsichtliche Benennung
A	**nichtbrennbar**
A 1	nicht entflammbar
A 2	20 s entflammbar
B	**brennbar**
B 1	schwerentflammbar
B 2	normalentflammbar
B 3	leichtentflammbar

Baustoffe der Klasse A 2 (nichtbrennbar)
werden im Brandschacht 10 Minuten beflammt. Die Rauchgastemperatur darf 125 °C nicht überschreiten, die Rückseiten der Proben dürfen nicht entflammen. Rauchdichte und Toxizität der Brandgase dürfen keinen Anlaß zu Beanstandungen geben. Heizwert und Wärmeentwicklung müssen in vorbestimmten Grenzen verbleiben ($\leq$ 4200 kJ/kg bzw. $\leq$ 16800 kJ/m²). Im Ofenversuch bei 750 °C darf die Verbrennungswärme nicht zu einer Temperaturerhöhung von mehr als 50 K im Ofen führen, Entflammungen sind nur bis zu einer Dauer von 20 Sekunden zulässig.

Zu diesen Stoffen gehören z. B. Gipskartonplatten mit geschlossener Oberfläche und Mineralfaserprodukte.

Baustoffe der Klasse B 1 (schwerentflammbar)
werden 10 Minuten im Brandschacht beflammt. Die Rauchgastemperatur darf 200 °C nicht überschreiten. Zusätzlich müssen sie die Anforderungen an Baustoffe der Klasse B 2; erfüllen. Beurteilt werden u. a. auch die Restlängen der Proben und das Abtropfverhalten.

Zu diesen Stoffen gehören Gipskartonplatten mit gelochter Oberfläche, HWL-Platten, Kunstharzputze mit ausschließlich mineralischen Zusätzen, Rohre und Formstücke aus PVC mit einer Wanddicke von $\leq$ 3,2 mm, Eichenparkett, PVC-Fußbodenbeläge auf mineralischem Grund, Walzasphalt und halogenfreie elektrische Kabel und Leitungen.

Baustoffe der Klasse B 2 (normalentflammbar)
werden im Brandkasten 15 Sekunden flächen- oder kantenbeflammt. Beurteilt werden u. a. die Flammenausbreitungsgeschwindigkeit (< 7,5 mm/s) und das Abfallen/Abtropfen brennender Probenteile.

Zu diesen Baustoffen gehören die meisten Holzarten, kunststoffbeschichtete Flachpreßplatten, Gipskartonverbundplatten, Rohre und Formstücke aus PVC mit einer Dicke > 3,2 mm, PVC-Fußbodenbeläge auf beliebigem Grund, Bitumendachpappe und PVC- oder VPE-isolierte elektrische Kabel und Leitungen.

Zur **Baustoffklasse B 3 (leichtentflammbar)** gehören alle brennbaren Baustoffe, die sich nicht den Klassen B 1 und B 2 zuordnen lassen.

Frage 3.10 Dürfen die Feuerwiderstandsklassen zur Erzielung eines höheren Wertes addiert werden?

Ob eine Feuerwiderstandsklasse von beispielsweise F 90 durch eine „Reihenschaltung" von Bauteilen der Klassen F 30 und F 60 erreicht wird, kann allgemein nicht vorausgesagt werden. Je nach Anordnung könnte das Ergebnis sogar progressiv werden. Da als Resultat aber auch leider eine geringere Klasse möglich ist, muß die Bewertung durch eine Prüfstelle erfolgen.

Einfacher und mit Sicherheit auch wirtschaftlicher ist von vornherein der Einsatz klassifizierter Bauteile mit der gewünschten Feuerwiderstandsklasse.

Frage 3.11 Wodurch unterscheiden sich feuerhemmende und feuerbeständige Bauteile?

Bedauerlicherweise entstehen durch diese verbalen Begriffe immer wieder Mißdeutungen. Um Eindeutigkeit zu sichern, haben einige Bundesländer, z. B. Nordrhein- Westfalen, daher die Bezeichnungen für die Feuerwiderstandsklassen gem. DIN 4102 in ihre Bauordnungen übernommen.

Tafel 3.4 zeigt eine Gegenüberstellung aus DIN 4102 Teil 13 [11].

Tafel 3.4 Bauaufsichtliche Benennung der Feuerwiderstandsklassen

Feuerwiderstandsklasse nach DIN 4102	Bauaufsichtliche Benennung
F 30 – B	feuerhemmend
F 90 – AB	feuerbeständig
F 180 – A	hochfeuerbeständig

Die der Feuerwiderstandsklasse nachgesetzten Buchstaben bedeuten mit

A: das Bauteil besteht ausschließlich aus nichtbrennbaren Baustoffen,

B: das Bauteil besteht in wesentlichen Teilen aus brennbaren Baustoffen,

AB: das Bauteil besteht in wesentlichen Teilen aus nichtbrennbaren Baustoffen;
übrige Teile dürfen brennbar sein.

Frage 3.12 Was versteht man unter dem Begriff Heizwert?

Beim Verbrennen eines Stoffes wird Wärmeenergie frei. Das trifft auch auf brennbare Bauteile und Baustoffe der Elektrotechnik zu. Die Verbrennungsenergie läßt sich auf eine Einheit des Stoffes beziehen, etwa auf dessen Masse m, seine Länge l oder sein Volumen V und heißt dann spezifische Verbrennungswärme oder Heizwert H.

Beispiel
Beim Verbrennen einer 1 m langen Leitung NYM 3 x 1,5 mm² wird eine Wärmeenergie von 0,44 kWh frei, d. h. die spezifische Verbrennungswärme oder der Heizwert ist $H = 0{,}44$ kWh/m.

Aus den **Tafeln 3.5** und **3.6** ist die spezifische Verbrennungswärme einiger Bauprodukte zu entnehmen.

Tafel 3.5   Spezifische Verbrennungswärme oder Heizwert ausgewählter Kunststoffe

Material	H in kWh/kg
Polyethylen PE	12,2
Polypropylen PP	12,8
Polyvinylchlorid PVC	5,00

Tafel 3.6   Spezifische Verbrennungswärme oder Heizwert ausgewählter Leitungen und Kabel

Querschnitt	H in kWh/m	
Leitung/Kabel	NYM	NYY
3 x 1,5	0,44	0,75
3 x 2,5	0,58	0,83
4 x 1,5	0,53	0,83
4 x 2,5	0,67	0,94
4 x 4	0,92	1,25
4 x 6	1,08	1,42
4 x 10	1,50	1,67
4 x 16	1,86	2,03
4 x 25	2,89	2,89
5 x 1,5	0,98	0,94
5 x 2,5	0,75	1,08
5 x 4	1,11	1,44
5 x 6	1,28	1,64
5 x 10	1,83	2,00
5 x 16	2,31	2,39

Dem Planer sind diese Werte zur Errechnung der Brandlast (F 3.13) unerläßlich.

Frage 3.13 Was versteht man unter dem Begriff Brandlast?

Die Verbrennungswärme aller in einem Raum vorhandenen brennbaren Stoffe läßt sich leicht ermitteln, wenn deren Heizwerte H bekannt sind (F 3.12). Bezieht man diese Wärmeenergie $\sum W$ z. B. auf die Grundfläche A des Raumes, so ergibt sich die *Brandlast q*.

Beispiel

In einem Flur mit der Grundfläche 8 m x 2,5 m sind folgende Materialien installiert **(Tafel 3.7)**:

35 m NYM 3 x 1,5 mm^2
3 m NYY 5 x 10 mm^2
12 m Leitungsführungskanal LF 40060
6 m PVC-Wasserrohr DN 40.
Die beim Verbrennen freiwerdende Wärmemenge ist **Tafel 3.7** zu entnehmen:

Tafel 3.7   Ermittlung der Wärmemenge gemäß Beispiel

Material	Länge l in m	Heizwert H in kWh/m	Wärme W in kWh
NYM 3 x 1,5	35	0,44	15,40
NYY 5 x 10	3	2,00	6,00
LF 40060	12	2,88	34,56
PVC DN 40	6	4,05	24,30
			$\sum W$ = 80,26 kWh

Bezogen auf die Flurgrundfläche von A = 20 m^2 ist die Brandlast

$q = \sum W / A$
$= 80{,}26 \text{ kWh} / 20 \text{ m}^2$
$\underline{q = 4{,}013 \text{ kWh/m}^2}$

Die Höhe der Brandlast ist u.a. auch eine wichtige Größe für die Auswahl von Bauteilen nach deren Feuerwiderstandsklasse. Da die Ausbreitung eines Brandes auch sehr entscheidend von der Größe der Brandlast abhängt, muß sie möglichst gering gehalten werden.

Bei der Auswahl von Baustoffen wird der Praktiker auf solche orientieren, die möglichst wenig zur Brandlast beitragen.

Frage 3.14 Auf welche Fläche bezieht sich die Brandlast?

Die z. B. in einem Rettungsweg installierte Brandlast ist die auf dessen Grundfläche bezogene Verbrennungswärme aller vorhandenen brennbaren Stoffe, also nicht nur der Kabelisolierungen (RbALei [29]). Die Fläche ist stets die projizierte, also bei Treppen die Fläche der Draufsicht. In Treppenräumen von Wohnhäusern z. B. gehört demnach hierzu die Grundfläche des Vorraumes vor den Wohnungen plus projizierte Treppenfläche bis zur nächsthöheren Etage. Hierauf ist die Verbrennungswärme der in diesem Bereich, also der Etage, vorhandenen brennbaren Stoffe zu beziehen. Dabei wird nach DIN 4102 Teil 4 [5] von einer möglichst gleichmäßig verteilten Brandlast ausgegangen.

Das aber wird nur selten der Fall sein, denn oft entstehen durch Führung auf Trassen Kabelmassierungen. Daher wird mitunter ein Flächenraster festgelegt, z. B. mit 5 m^2 bei Rettungswegen in Hochhäusern (Branddirektion München) oder mit 4 m x 4 m bei der Auslegung von Sprinkleranlagen (VdS 2092).

Um der Annahme einer möglichst gleichmäßigen Brandlastverteilung nach DIN 4102 nahe zu kommen, wird empfohlen, die gesamte Grundfläche des Rettungsweges in ein 5-m^2-Raster zu unterteilen und hierauf die in dieser Fläche jeweils enthaltene Verbrennungswärme zu beziehen **(Bild 3.9).**

Aus der Berechnung der Bandlast wird der Planer Schlüsse zur Kabelführung ziehen können und eventuell zur Vermeidung von Kabelmassierungen auf zwei Trassen links- und rechtsseitig des Rettungsweges ausweichen, was häufig auch wegen der getrennten Verlegung von Sicherheitsstromkreisen sinnvoll ist (F 4.22) (F 4.23), oder halogenfreie Leitungen vorsehen. Auch das Ausweichen in benachbarte Räume ist eine Möglichkeit, Brandlasten in Rettungswegen zu verringern (F 5.13).

Der Installateur trägt hier große Verantwortung. Nichtvereinbare Abweichungen von den Planungsunterlagen zur Leitungsführung können den gesamten Brandschutz in Frage stellen.

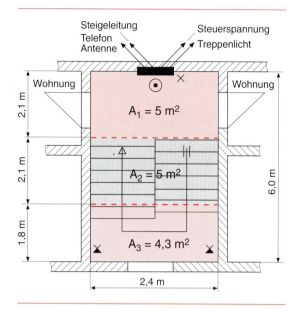

Bild 3.9   Die projizierte Fläche des Rettungsweges 6,0 m x 2,4 m wird vorteilaft in ein 5-m²-Raster eingeteilt.
Da sich nicht jede Fläche ganzzahlig in ein 5-m²-Raster aufteilen läßt, verbleibt meistens eine kleinere Restfläche – im Bild ist es die Fläche A_3. Ist z. B. die zulässige Brandlast 7 kWh/m², darf die Verbrennungswärme der in den Räumen über den Flächen A_1 und A_2 enthaltenen Stoffe 35 kWh nicht überschreiten; im Raum über der Fläche A_3 dürfen nicht mehr als 30 kWh enthalten sein.

Frage 3.15 Dürfen Brandlasten aufgesplittet werden?

In einem allgemein zugänglichen Flur war die Brandlast von 7 kWh/m² durch PVC-isolierte Leitungen weit überschritten. Es mußten daher klassifizierte Unterdecken oder Kanäle oder andere Maßnahmen nach F 5.13, Absatz 3 zur Anwendung kommen. Um dies zu umgehen, war beabsichtigt, die Leitungen dieser Anlage in **mehreren** Stahlblechkanälen unterzubringen, um auf diese Weise die Brandlast zu „rationieren".
Eine Aufsplittung der Brandlast auf Einzelwerte unter 7 kWh/m² mit

dem Zweck, die unterhalb dieser Größe gestatteten Erleichterungen gem. F 5.13 zu nutzen, ist aber nicht möglich, weil mit der Einzelkapselung die Gesamtbrandlast nicht verkleinert wird.

Frage 3.16 Weshalb stellen Brandwände und Brandabschnitte den Elektriker vor Probleme?

Brandwände dienen der Trennung oder Abgrenzung von Brandabschnitten und verhindern die Ausbreitung des Feuers auf andere Gebäude oder Gebäudeabschnitte.

Sie müssen nach DIN 4102 Teil 3 [4] aus Baustoffen der Klasse A bestehen und mindestens die Feuerwiderstandsklasse F 90 besitzen. Bauaufsichtlich können auch höhere Anforderungen gestellt werden, z. B. bei Hochhäusern mit einer Höhe von mehr als 60 m.

Brandabschnitte werden in den Landesbauordnungen beschrieben und sind z. B. erforderlich

– alle 40 m bei aneinandergereihten Bauwerken (BauOLSA [61]) oder

– alle 50 m innerhalb von Verkaufsstätten (VSTR [60]).

Der Elektroinstallateur muß gewährleisten, daß beim Durchführen von Kabeln und Leitungen durch *raumabschließende* Decken und Wände mit brandschutztechnischen Eigenschaften alle Durchgangsstellen gegen die Übertragung von Feuer und Rauch sicher verschlossen werden und die jeweilige Feuerwiderstandsklasse der Wand /Decke nicht gemindert wird.

Die Kenntnis über die Lage von Brandabschnitten ist auch dann wichtig, wenn Elektroinstallationen brandabschnittsübergreifend sind. Beispielsweise werden für das IT-System von Räumen der Anwendungsgruppe AG 2 in medizinischen Einrichtungen nach DIN VDE 0107 [27] zwei Trenntransformatoren notwendig, wenn sich diese in getrennten Brandabschnitten befinden.

Auch bei Kabelanlagen für Sicherheitseinrichtungen mit bauaufsichtlich gefordertem Funktionserhalt ist die Lage der Brandabschnitte und der Rettungswege für die Elektroinstallation bedeutsam. So müssen beispielsweise Kabelanlagen für Sicherheitseinrichtungen im Verlauf fremder Brandabschnitte immer im geforderten Funktionserhalt verlegt werden (F 5.32 Absatz 7).

Frage 3.17 Wie werden Gebäude im Baurecht nach ihrer Höhe eingestuft?

Die Bauordnungen der meisten Bundesländer unterscheiden Gebäude geringer Höhe, Gebäude mittlerer Höhe und Hochhäuser **(Bild 3.10)**.

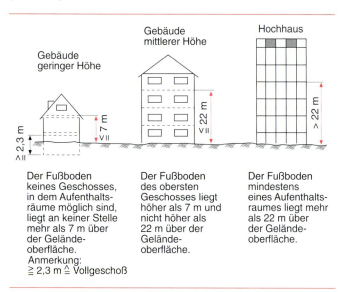

Bild 3.10   Einteilung der Gebäude nach ihrer Höhe

In Hessen werden die Gebäude geringer und mittlerer Höhe zusätzlich in die Klassen A bis G, in Rheinland-Pfalz und im Saarland in die Klassen 1 bis 4 unterteilt.

In der Bauordnung für Berlin sind die Gebäude geringer und mittlerer Höhe namentlich nicht genannt.

Die Hamburgische Bauordnung kennt bei den Gebäuden geringer Höhe mit einem Geschoß zusätzlich „untergeordnete" Gebäude ohne Feuerstätte und ohne Aufenthaltsräume.

Für die Ausführung der Elektroanlagen ergeben sich durch diese Unterteilungen keine verschärfenden Konsequenzen.

Frage 3.18 Welche Rettungswege sind zu unterscheiden?

Rettungswege sind Verkehrsflächen auf Grundstücken und Bereiche in baulichen Anlagen, die dem sicheren Verlassen, der Rettung von Menschen und der Durchführung von Löscharbeiten dienen.

Die Lage der Rettungswege wird in den Bauordnungen der Bundesländer beschrieben; ebenso deren Kennzeichnung, Ausleuchtung und Mindestgangbreiten.

Einheitlich legen alle Landesbauordnungen fest, daß Gebäude mit mindestens einem Aufenthaltsraum in jedem Geschoß mindestens zwei voneinander unabhängige Rettungswege haben müssen. Für den zweiten Rettungsweg gesteht das Baurecht Erleichterungen zu.

Zu den Rettungswegen gehören
- *Sicherheitstreppenräume,*
- Treppenräume notwendiger Treppen und deren Verbindungswege ins Freie,
- allgemein zugängliche Flure,
- Rampen, Ausgänge, Sicherheitsschleusen, Laubengänge, Rettungsbalkone und -tunnel,
- Wege bis zu den öffentlichen Verkehrsflächen,
- in Versammlungsstätten die Gänge und Ausgänge der Versammlungsräume,
- in Geschäftshäusern und Ausstellungsstätten die Haupt- und Ausgänge,
- in Gaststätten die Gänge in und die Ausgänge aus Galerien,
- in Großgaragen die Fahrgassen und Gehwege,
- in Schulen die Hauptgänge und die Ausgänge aus größeren Räumen und fensterlosen oder verdunkelbaren Fachräumen,
- in Krankenhäusern auch die Verkehrswege zu Wohnunterkünften von Ärzten und Pflegepersonal.

Unterschieden werden horizontale (z. B. allgemein zugängliche

Flure) und vertikale Rettungswege (z. B. Treppenräume). In den letzteren sind die brandschutztechnischen Anforderungen verständlicherweise höher. Die Schärfe der Forderungen nimmt mit steigender Gebäudehöhe zu.

4 Brandschutz in ausgewählten Elektroanlagen

Elektrische Anlagen dürfen nicht zum Auslöser von Bränden werden. Das setzt die Einhaltung der jeweils zutreffenden DIN-VDE-Normen beim Errichten, Ändern, bei der Instandhaltung und Instandsetzung voraus. Sie sind die allgemein anerkannten Regeln der Technik für die Gewährleistung der Sicherheit und damit auch für den Schutz von Personen und Gebäuden gegen Brände, die durch elektrische Anlagen verursacht werden können. Die Verantwortung dafür, daß dem Auftraggeber vorschriftsmäßige Anlagen übergeben werden, trägt der mit den Arbeiten beauftragte Unternehmer. Durch Gesetz ist er verpflichtet, alle dazu notwendigen Maßnahmen zu ergreifen.

Nachstehend wird auf ausgewählte und vor allem den Schutz gegen Brände betreffende technische Forderungen in den DIN-VDE-Normen und Richtlinien des Verbandes der Schadenversicherer VdS eingegangen. Vorschriften aus dem Baurecht werden in notwendigem Umfang einbezogen.

4.1 Elektrische Betriebsstätten in baulichen Anlagen gemäß EltBauVO

Hierunter fallen elektrische und abgeschlossene elektrische Betriebsstätten, die ausschließlich der Aufstellung von Anlagen zur Erzeugung oder Verteilung elektrischer Energie dienen, sowie Batterieräume.

Frage 4.1 Für welche baulichen Anlagen gilt die EltBauVO?

Die EltBauVO [57] des jeweiligen Landes gilt für elektrische Betriebsstätten in
- Waren- und Geschäftshäusern,
- Versammlungsstätten,
- Büro- und Verwaltungsgebäuden,
- Krankenhäusern, Pflege-, Entbindungs- und Säuglingsheimen,
- Schulen und Sportstätten,
- geschlossenen Großgaragen,
- Beherbergungsbetrieben,
- Wohngebäuden.

Sie gilt nicht für elektrische Betriebsstätten in freistehenden Gebäuden oder durch Brandwände abgetrennten Gebäudeteilen, die anders als die o. g. baulichen Anlagen genutzt werden, auch wenn sie zu diesen gehören.

Frage 4.2 Dürfen in Räumen mit Anlagen über 1 kV andere Einrichtungen vorgesehen werden?

Nein. Gemäß EltBauVO [57] sind aus Sicherheitsgründen z. B. ortsfeste Stromerzeugungsaggregate und Zentral- oder Gruppenbatterien für die Sicherheitsbeleuchtung in jeweils eigenen Räumen unterzubringen.

Obgleich nicht besonders hervorgehoben, sollten deshalb auch die Niederspannungshauptverteilungen nicht in Räumen für Anlagen mit Nennspannungen über 1 kV aufgestellt werden.

Frage 4.3 Welche bautechnischen Brandschutzforderungen werden an Räume für Anlagen mit Nennspannungen über 1 kV gestellt?

Diese Räume sind in der Regel abgeschlossene elektrische Betriebsstätten, so daß nur Befugte Zutritt haben. (Schlüsselberechtigung, Beschilderung der Zugänge, Panikschloß usw. sind nötig).

Gemäß EltBauVO [57] und DIN VDE 0101 [25] werden folgende Anforderungen gestellt:
- Wände und Decken müssen feuerbeständig sein (F 90-AB),
- Türen müssen selbstschließend, nach außen aufschlagend und feuerhemmend sein (T 30); führen sie ins Freie, genügen Türen aus nichtbrennbaren Baustoffen (in Bayern Baustoffklasse B 1),
- Fußböden – ausgenommen ihre Beläge – müssen aus nichtbrennbaren Baustoffen bestehen (in Bayern Baustoffklasse B 1),
- Rettungswege bis zu einem Ausgang dürfen nicht länger sein als 40 m,
- lichte Raumhöhen dürfen 2 m nicht unterschreiten; Durchgangshöhen müssen mindestens 1,8 m betragen,
- Öffnungen zur Kabeldurchführung aus diesen Betriebsstätten müssen in der Feuerwiderstandsklasse der Wand /Decke ausgeführt sein,
- Leitungen zur Be- und Entlüftung dieser Räume müssen direkt ins Freie münden. Führen sie durch andere Räume, so sind die „Richtlinien über die brandschutztechnischen Anforderungen an Lüftungsleitungen RbAL" [59] zu beachten (eigene Leitungen, Absperrklappen gegen die Übertragung von Rauch und Feuer, Einhaltung der Feuerwiderstandsklassen gem. **Tafel 4.1**).

Tafel 4.1   Erforderliche Feuerwiderstandsdauer in min von Lüftungsleitungen für Räume mit Anlagen über 1 kV, für Batterieräume und Räume für ortsfeste Stromerzeugungsaggregate gem. EltBauVO [57] und RbAL [59]

Bauteile	**Überbrückung von**		
Gebäude	Decken	Brandwänden	Flurwänden und Trennwänden F 30 oder F 90
bis 2 Vollgeschosse	–	90	30
3 - 5 Vollgeschosse	30	90	30
> 5 Vollgeschosse außer Hochhäuser	60	90	30
Hochhäuser	90	90	30

Frage 4.4 Dürfen in Gebäuden mit Aufenthaltsräumen Öltransformatoren aufgestellt werden?

Ja. Aber es gelten Anforderungen, die zusätzlich zu F 4.3 zu erfüllen sind:
- Eine Aufstellung ist nicht erlaubt
  in Geschossen, deren Fußboden mehr als 4 m unter der Geländeoberfläche liegt und
  in Geschossen über dem Erdgeschoß.
- Das gesamte Kühlmittel des größten Trafos muß nach DIN VDE 0101 [25] sicher aufgefangen werden können (Auffangwanne oder Sammelgrube mit undurchlässigem Anstrich des Fußbodens und der Wände bis in die erforderliche Höhe sowie entsprechend hohe Türschwelle).
- In Bayern gilt außerdem: Transformatoren und Kondensatoren mit PCB und einer Leistung über 3 kVA müssen in eigenen Räumen untergebracht und von anderen Räumen feuerbeständig abgetrennt sein.

Es wird empfohlen, Transformatoren jeweils für sich in eigenen Boxen aufzustellen.

Frage 4.5 Welche Brandschutzanforderungen müssen in Aufstellräumen für ortsfeste Stromerzeugungsaggregate erfüllt werden?

Sie sind gemäß EltBauVO [57] innerhalb von Gebäuden mit Aufenthaltsräumen stets in abgeschlossenen elektrischen Betriebsstätten unterzubringen. Bei der Aufstellung in freistehenden Gebäuden sollten die folgenden Hinweise jedoch ebenfalls beachtet werden:
Zusätzlich zu den Forderungen in F 4.2 und F 4.3 ist zu beachten, daß nach der EltBauVO [57]
- der Fußboden für wassergefährdende Flüssigkeiten undurchlässig ist,
- eine 10 cm hohe Türschwelle vorhanden ist,
- Abgasleitungen direkt ins Freie münden und zu brennbaren Stoffen mindestens 10 cm Abstand haben. **(Bild 4.1)**.

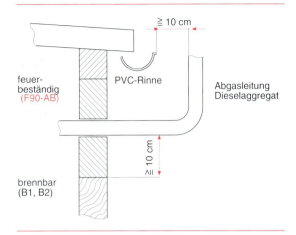

Bild 4.1   Führung der Abgasleitung eines Stromerzeugungsaggregates

Frage 4.6 Welche Brandschutzanforderungen gelten für Batterieräume?

Nach DIN VDE 0510 Teil 2 [36] werden Zentral- oder Gruppenbatterien immer in eigenen Räumen untergebracht.
Bis zu einer Nennspannung von DC 120 V gelten diese Räume als elektrische Betriebsstätten, bei Nennspannungen darüber als abgeschlossene elektrische Betriebsstätten.
Wände und Decken müssen mindestens feuerhemmend (F 30-B) und zu angrenzenden Räumen mit erhöhter Brandgefahr mindestens feuerbeständig (F 90-AB) ausgeführt sein.
Es sind selbstschließende, nach außen aufschlagende und nichtbrennbare Türen zu verwenden; in feuerbeständigen Wänden werden Türen T 30 erforderlich.
Öffnungen in *raumabschließenden* Decken und Wänden müssen so verschlossen sein, daß deren Feuerwiderstand erhalten bleibt.
Zu- und Abluftleitungen müssen direkt ins Freie führen. Bei ihrer Legung ist die „Richtlinie über die brandschutztechnischen Anforderungen an Lüftungsanlagen" [59] zu beachten (eigene Leitungen, Absperrklappen gegen die Übertragung von Rauch und

Feuer, Einhaltung der Feuerwiderstandsdauer gem. Tafel 4.1), wenn die Leitungen nicht direkt ins Freie führen.

Frage 4.7 Welche Vorkehrungen gegen Explosionen sind in Batterieräumen zu treffen?

Durch die elektrolytische Zersetzung von Wasser kann in einer Batterie ein Gemisch aus Sauerstoff und Wasserstoff entstehen (Knallgas). Erst etwa eine Stunde nach Abschalten des Ladestromes gilt der Gasaustritt aus den Zellen als abgeklungen. Verschärfend ist die niedrige untere Explosionsgrenze von 4 % Wasserstoff im Gemisch mit Luft. Entsprechen die Lüftungsverhältnisse DIN VDE 0510 [36], gelten Batterieräume aber nicht als explosionsgefährdet. Hierzu muß der Luftvolumenstrom zur Lüftung der Räume, Behälter oder Schränke mindestens betragen:

$Q = 0,05\ n\ I;$

Q erforderlicher Luftstrom in m³/h,
n Anzahl der Batteriezellen
I Stromstärke in A nach **Tafel 4.2**.

Tafel 4.2 Richtwerte für die Stromstärken beim Einsatz von Bleibatterien

Betriebsart	Ladekennlinie	I in A je 100 Ah Nennkapazität
Batteriebetrieb	W-Kennlinie	1/4 I_N
Batteriebetrieb	IU-Kennl. bis 2,40 V/Zelle	2
Umschaltbetrieb	W-Kennlinie	1/4 I_N
Umschaltbetrieb	IU-Kennl. bis 2,23 V/Zelle	1
Bereitsch.-Parall.-Betrieb	IU-Kennl. bis 2,23 V/Zelle	1
Pufferbetrieb	IU-Kennl. bis 2,40 V/Zelle	2

I_N Nennstrom des W-Ladegerätes

Bei natürlicher Belüftung kann man für den Luftwechsel annehmen:
- Räume über Erdgleiche ohne besondere Öffnungen   1,0 h⁻¹,
- Räume über Erdgleiche mit Lüftungsöffnungen   2,0 h⁻¹,
- Kellerräume ohne besondere Öffnungen   0,4 h⁻¹,
- Kellerräume mit Lüftungsöffnungen   0,8 h⁻¹.

(Öffnungsquerschnitt A in cm = 28 Q in m³/h)

Im Nahbereich von 0,5 m um die Entgasungsöffnungen der Zellen ist Explosionsgefahr jedoch nie auszuschließen. Daher sind besondere Vorkehrungen notwendig:
- Schalter, Steckdosen, Leuchten und andere Betriebsmittel, in denen betriebsmäßig zündfähige Funken auftreten können, müssen von den Zellenöffnungen mindestens 0,5 m entfernt sein. Das gilt auch für Heizkörper mit einer Oberflächentemperatur von mehr als 200 °C.
- Netzgespeiste Handleuchten dürfen keinen Schalter besitzen, sie benötigen ein Schutzglas, müssen schutzisoliert und in der Schutzart IP 54 ausgeführt sein.
- Der Fußboden benötigt gem. DIN VDE 0510 Teil 2 [36] einen Erdableitwiderstand von maximal 100 MΩ gegen elektrostatische Aufladungen.
- Der Oberflächenwiderstand der Kleidung des Instandhaltungspersonals, insbesondere der Schuhe und Handschuhe, darf nach DIN VDE 0510 Abschnitt 10.4 nicht größer sein als 100 MΩ.

Frage 4.8 Gelten die Forderungen an Batterieräume auch für Batterieladeanlagen?

Im wesentlichen ja, es gibt jedoch einige Erleichterungen.
Unter Batterieladeanlagen werden Laderäume, Ladestationen und Einzelladeplätze verstanden, an denen Antriebsbatterien z. B. für Flurförderfahrzeuge, Bodenreinigungsgeräte, Krankenfahrstühle oder Kinderfahrzeuge vorübergehend zum Laden aufgestellt werden.
Während bei Laderäumen Batterien und Ladegerät voneinander räumlich getrennt sind, werden in Ladestationen beide in einem Raum untergebracht. Einzelladeplätze sind geeignete Stellen in Arbeits-, Lager- oder Betriebsräumen.
- Die Forderungen an die Lüftung sind in DIN VDE 0510 Teil 3 enthalten und entsprechen etwa denen in F 4.7. Im Freien und in Hallen findet ein ausreichender Luftwechsel von sich aus statt.
- In Arbeitsstätten (Büros, Werkstätten usw.) dürfen Batterien nur geladen werden, wenn die Gasungsspannung nicht überschrit-

ten wird (Anwendung von Ladegeräten, die mit nicht mehr als 2,4 V je Zelle bei Bleibatterien und mit nicht mehr als 1,55 V je Zelle bei Nickel- Cadmium- Batterien laden) oder die Lüftungsanforderungen erfüllt sind (F 4.7).
– Für funkenbildende Betriebsmittel, Handleuchten und Maßnahmen gegen elektrostatische Aufladungen gilt F 4.7; die Oberflächentemperatur von Heizgeräten darf nicht höher sein als 300 °C.
– Einzelladeplätze sollen nach der Richtlinie VdS 2259 [52] zu brennbaren Stoffen einen Abstand von mindestens 2,5 m, zu explosionsgefährdeten Bereichen von mindestens 5 m haben.
– Ladegeräte sollen auf der Netzseite über einen FI-Schutzschalter mit $I_{\Delta n} \leq 300$ mA versorgt werden [52].
– Der Abstand zwischen dem Ladegerät und der Batterie soll wenigstens 1 m betragen [52].

4.2 Hausanschlüsse und Hausanschlußräume

Den Elektrofachkräften wird gern unterstellt, Forderungen an Hausanschlußräume maßlos zu übertreiben. Daß in der Tat besondere Sorgfalt angebracht ist, schlagen nicht nur ahnungslose Laien, sondern mitunter auch profilierte Architekten geradewegs in den Wind; auch die Tatsache, daß aus gutem Grund die TAB der EVU [62] solche Räume nach DIN 18012 [12] vorschreiben **(Bild 4.2)**.
Nicht selten werden Hausanschlußräume in beschämender Feilscherei um Quadratzentimeter zugunsten von Wohn- oder Produktionsflächen so eingeengt, daß nicht einmal die zulässigen Biegeradien der Kabel eingehalten werden können. Und wenn Sperrmüll im Wege ist – im Hausanschlußraum ist ja noch Platz...
In Ein- und Zweifamilienhäusern wird nach DIN 18012 [12] kein separater Hausanschlußraum gefordert, indem u. a. davon ausgegangen wird, daß es in überschaubaren Wohnbereichen beim Umgang mit Elektroanlagen einigermaßen gesittet zugeht (Bild 4.2).

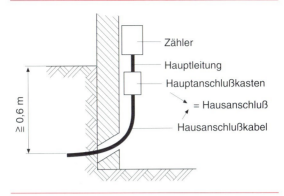

Bild 4.2. Begriffe zum Hausanschluß

Frage 4.9 Der Hausanschluß in Niederspannungsortsnetzen – Welche Besonderheit ist hier wichtig?

Eine Besonderheit öffentlicher Niederspannungsverteilungsnetze ist der nach DIN VDE 0100 Teil 430 [16] mögliche Verzicht auf Schutz bei Überstrom. Jeder sollte sich darüber im klaren sein: Bei Kurzschlüssen im Ortsnetz bis hin zu den Sicherungen im Hausanschlußkasten muß also damit gerechnet werden, daß die vorgeschalteten Sicherungen nicht auslösen, sondern Kabel, Leitungen oder gar Hausanschlußkästen ausbrennen. Das ist auch übrigens ein Grund dafür, durch schutzisolierte Hausanschlußkästen den Zugriff auf die über lange Zeiten mögliche Berührungsspannung zu verhindern.

Die Fotos in **Bild 4.3** (im Anhang) zeigen eine Potentialausgleichsleitung und eine -schiene, über die mehrere Stunden Kurzschlußströme geflossen sind, ohne daß zulässigerweise die Sicherungen im Ortsnetz abschmolzen. Daß es zu keinem Brand kam, war in beiden Fällen den vorschriftsmäßigen Hausanschlußräumen zu verdanken.

Angesichts dieser Bilder erscheinen die Forderungen an Hausanschlußräume wohl doch nicht so maßlos übertrieben.

Frage 4.10 Wie wird der mögliche Verzicht auf Schutz bei Überstrom bei Hausanschlüssen in Ortsnetzen berücksichtigt?

Aufgrund der in F 4.9 beschriebenen besonderen Verhältnisse in Ortsnetzen bestehen folgende Maßgaben:
– Hausanschlußkabel dürfen nicht durch feuer- oder explosionsgefährdete Bereiche führen oder in ihnen enden, wenn sie nicht bei Überstrom (Überlast, Kurzschluß) geschützt sind (DIN VDE 0100 Teil 732 [24]). In den „Technischen Anschlußbedingungen (TAB)" der Energieversorgungsunternehmen [62] ist das wegen des nach DIN VDE 0100 Teil 430 [16] erlaubten Verzichts auf den Überstromschutz sogar bedingungslos untersagt.
– Das Hausanschlußkabel muß nach DIN VDE 0100 Teil 732 [24] auf nichtbrennbaren Gebäudeteilen verlegt werden. Bei Verlegung auf brennbaren Baustoffen ist zu diesen ein Luftabstand von mindestens 150 mm einzuhalten; möglich ist auch eine lichtbogenfeste Unterlage aus 20 mm starkem Fibersilikat mit einer Mindestbreite von 300 mm. Eine Unterlage aus Blech genügt nicht.
– Hausanschlußkästen dürfen nicht in Durchgängen zu weiteren Räumen untergebracht werden (DIN 18012) [12].
– Hausanschluß- und Meßeinrichtungen einschließlich ihrer Zugangstüren und -klappen sind gem. RbALei [29] gegenüber Treppenräumen und ihren Ausgängen ins Freie durch nichtbrennbare Bauteile mit einer Feuerwiderstandsdauer von mindestens 30 Minuten abzutrennen; in Treppenräumen von Hochhäusern ist ihre Unterbringung nicht gestattet.
In allgemein zugänglichen Fluren müssen diese Bauteile nichtbrennbar sein. Die Zugangstüren und -klappen müssen dichtschließend sein (F 5.1).
– Wände von Hausanschlußräumen müssen mindestens der Feuerwiderstandsklasse F 30 genügen (DIN 18012) [12].
– Türen von Hausanschlußräumen müssen abschließbar sein (DIN 18012) [12].
– Zwischen Einrichtungen und Leitungen anderer Versorgungs-

systeme und dem Hausanschluß ist ein Mindestabstand von 300 mm erforderlich (DIN 18012) [12].
- Die lichten Mindestmaße des Hausanschlußraumes müssen $h \times b \times t$ = 2 m $\times$ 1,8 m $\times$ 2 m betragen; sie sind von der Gebäudegröße abhängig (DIN 18012) [12].
- Hausanschlüsse dürfen auch im Freien, z. B. als Hausanschlußsäulen, errichtet werden, sofern die TAB des jeweiligen EVU dies zulassen.

Frage 4.11 Darf der Hausanschluß in Räumen mit Feuerstätten und im Lagerraum für das Heizöl untergebracht werden?

In Ein- und Zweifamilienhäusern sind keine gesonderten Hausanschlußräume erforderlich (DIN 18012 [12]; Merkblatt M2 der HEA [67]). Hier ist also der Hausanschluß auch in anderen Räumen möglich.

Bei den Heizöllagerräumen jedoch gibt es Einschränkungen. Beträgt nämlich deren Lagerkapazität mehr als 5000 l, so ist hier ein Hausanschluß gem. FeuRL [58] (in einigen Bundesländern als FeuVO eingeführt) nicht zulässig. Unterhalb dieser Lagermenge darf sich also der Hausanschluß auch in solchen Räumen befinden. Territorial abhängig werden weitergehende Maßstäbe gesetzt; z. B. darf sich gem. BEWAG-Richtlinie (Berlin) der Hausanschluß außerdem auch in Aufstellräumen von Feuerstätten mit einer Gesamtnennwärmeleistung von $\leq$ 50 kW befinden, wenn die Raumtemperatur 30 °C nicht überschreitet.

Die Bedingungen nach (F 4.10) hinsichtlich der Verlegung des Hausanschlußkabels, der Montage des Hausanschlußkastens, der T-30-Türen gem. VbF, Anhang II [63] und des Abstandes von mindestens 300 mm gem. DIN 18012 [12] zu Heizölsystemen sind allerdings einzuhalten.

Sollten bauaufsichtliche Entscheidungen jedoch diese Räume in die Kategorie der feuergefährdeten Betriebsstätten einordnen, so ist der Hausanschluß wegen der Bestimmungen der TAB hier unzulässig (F 4.10). Es ist also ratsam, den Zweifelsfall mit der zuständigen Bauaufsichtsbehörde zu klären.

4.3 Kabel- und Leitungsanlagen

Kabel- und Leitungsanlagen sind die häufigsten Baugruppen der Elektroenergie- und leitungsgebundenen Informationsübertragung. „Als Kabelanlage gelten Starkstromkabel, isolierte Starkstromleitungen, Installationskabel und -leitungen für Fernmelde- und Informationsverarbeitungsanlagen und Schienenverteiler einschließlich der zugehörigen Kanäle, Beschichtungen, Verbindungselemente, Tragevorrichtungen und Halterungen." (DIN 4102 Teil 12 [10]).
Aufgrund ihres ausgedehnten Verlaufs, der oft hohen Konzentration von Leitungen und der unterschiedlichsten äußeren Beanspruchungen verdienen sie besondere Aufmerksamkeit. Auch die gegenseitige Beeinflussung der Leitungen durch thermische und elektromagnetische Vorgänge darf nicht übersehen werden.
Die vielen interessanten Fragen zum Schutz und zur Bemessung von Kabeln und Leitungen werden hier nicht behandelt; das würde unsere kleine Broschüre überfordern. Vorwiegend wird es im folgenden um das brandschutzgerechte Errichten gehen, denn Kabel- und Leitungsanlagen können auch eine erhebliche Brandlast darstellen.

Frage 4.12 Welche Möglichkeiten bestehen, Leitungen gegen Brände zu schützen?

Es kommen u. a. folgende Möglichkeiten in Betracht:
- Verlegung unter Putz mit einer Mindestüberdeckung von
  - 4 mm bei einzelnen Leitungen,
  - 15 mm bei Leitungsbündeln,
- Verlegung in feuerwiderstandsfähigen Installationsschächten oder -kanälen nach DIN 4102 Teil 11. u. 12,
- Verlegung über nichtbrennbare oder feuerwiderstandsfähige Unterdecken,
- Beschichtung der Installationen mit flammhemmenden Mitteln, z. B. mit Anstrichen oder Schaum,
- Verlegung in Hohlraumestrichen,
- Verlegung in Doppelböden.

Es muß an dieser Stelle eindringlich darauf hingewiesen werden, daß der Ausführende stets auch für die Qualität seiner Arbeit, für die Einhaltung von Vorschriften, Regeln und Gebrauchsanweisungen Verantwortung und Gewährleistung trägt. Das trifft insbesondere für die Mindestüberdeckung bei im oder unter Putz verlegten Leitungen zu und natürlich auch für das vorschriftsmäßige Auftragen von intumeszierenden Anstrichen oder Schaum.

Frage 4.13 Welche Schächte, Kanäle und Rohre werden unterschieden, und wo werden sie angewendet?

Aus der Vielfalt der Schächte, Kanäle und Rohre gibt **Bild 4.4** einen knappen Auszug:

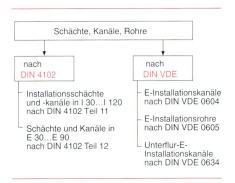

Bild 4.4   Gebräuchliche Schächte und Kanäle

Nachfolgend einige charakteristische Merkmale:

Installationsschächte und -kanäle in I 30 ... I 120

– Sie werden nach DIN 4102 Teil 11 [9] geprüft und verhindern während des Klassifizierungszeitraumes von 30 Minuten (I 30) bis 120 Minuten (I 120) den Durchgang von Feuer und Rauch aus dem Kanal- bzw. Schachtinneren; das bedeutet u. a., daß sich die Temperatur an deren Außenseite im Mittel um nicht mehr als 140 K und an keiner Stelle um mehr als 180 K erhöht (Bild 3.4).

- Sie sind vom Baukörper getrennte, freistehende oder an Bauteile angelehnte Konstruktionen, z. B. aus Leichtbetonformstücken, Formstücken für Hausschornsteine usw.
  DIN 4102 Teil 4 [5] enthält eine Vielzahl derartiger Beispiele mit ihrer Klassifizierung in I 30 ... I 120.
- Für die Anordnung nach DIN 4102 Teil 4 [5] ist kein gesonderter Prüfnachweis erforderlich; die hier aufgezählten Beispiele gelten als geprüft und klassifiziert.
- Daneben bieten einige Hersteller nach DIN 4102 Teil 11 [9] geprüfte Installationsschächte und -kanäle als fabrikfertige Systeme an, für die jeweils ein Prüfzeugnis und eine Zulassung vorhanden sein müssen.
- Die Installationsschächte – vorwiegend für die vertikale Leitungsführung gedacht – werden nach DIN 4102 Teil 11 [9] unterschieden in
  - Installationschächte für nichtbrennbare Installationen (für E-Technik ohne Bedeutung),
  - Installationschächte für beliebige Installationen, wie Sanitär-, Heizungsrohre, Leitungsanlagen und
  - Elektro-Installationschächte für ausschließlich elektrische Zwecke.
- Installationsschächte und -kanäle nach DIN 4102 Teil 4 [5], in denen sich brennbare Stoffe – z. B. Dämmstoffe, Leitungen oder Isolierungen aus Baustoffen der Baustoffklasse B – befinden, müssen in jeder Decke mit einem mindestens 200 mm dicken Mörtelverguß abgeschottet werden. Das ist nicht erforderlich, wenn alle Leitungen am Eintritt in den Schacht/Kanal durch Abschottungen gesichert werden, deren brandschutztechnische Eignung durch eine bauaufsichtliche Zulassung nachgewiesen ist.
- Installationsschächte und -kanäle, die als fabrikfertige Baueinheiten in den Feuerwiderstandsklassen I 30 bis I 120 angeboten werden, müssen im Decken-/Wandbereich nur geschottet werden, wenn ihre Feuerwiderstandsdauer kleiner ist als die der durchdrungenen Decke oder Wand (s. Bild 5.5) oder wenn es im Zulassungsbescheid verlangt ist.

– Bei Installationsschächten wird der verantwortungsbewußte Installateur im Sinne einer Schadensbegrenzung auch dann in den Deckenbereichen abschotten, wenn es nicht ausdrücklich gefordert ist (F 4.24).
Um die ungehinderte Ausbreitung des Feuers in den Schächten zu vermeiden, genügt es, etwa in jeder zweiten Etage einen ca. 200 mm dicken Verschluß aus Mineralwolle o. ä. herzustellen.
Zu beachten sind jedoch eventuelle Forderungen nach Längsbelüftung der Schächte und Kanäle, wie sie z. B. in DIN 4102 Teil 4, Abschnitt 8.6.4 [5], verlangt ist.
– Anwendung finden klassifizierte Installationsschächte und -kanäle vorwiegend in Rettungswegen aller baulichen Anlagen für Menschenansammlungen [28], in Krankenhäusern [27] und in solchen Rettungswegen baulicher Anlagen, an denen nicht ausschließlich Wohnungen oder ähnliche *Nutzungseinheiten* liegen.

Schächte und Kanäle in E 30 ... E 90

– Sie werden nach DIN 4102 Teil 12 [10] geprüft. Während des Klassifizierungszeitraumes von 30 Minuten (E 30) bis 90 Minuten (E 90) treten bei einem Brandangriff von außen an Kabeln oder Leitungen im Inneren der Schächte/Kanäle weder Kurzschlüsse noch Unterbrechungen auf (Bild 3.5).
– In ihrem Inneren treten im Brandfall Temperaturen zwischen 140 °C und 180 °C auf, die vom Planer bei der Querschnittsdimensionierung der Kabel/Leitungen einzurechnen sind (F 5.34). Die genauen Temperaturangaben sind im jeweiligen Zulassungsbescheid angegeben.
– Anwendung finden sie als Komponenten von Kabelanlagen, für die Funktionserhalt gefordert ist (F 5.32).

Elekto-Installationskanäle nach DIN VDE 0604

Sie bestehen aus Metall oder flammwidrigem Isolierstoff und dienen ausschließlich der Aufnahme elektrischer Betriebsmittel und sind nicht nach DIN 4102 klassifiziert.
Die Verlegung in Wänden und Decken unter Putz oder in Beton ist nicht statthaft. In Rettungswegen ist nur die Metallausführung erlaubt (F 5.11) und (F 5.15).

In einigen Bundesländern dürfen auch Kanäle aus Isolierstoff nicht über klassifizierten Unterdecken verlegt werden, z. B. in Mecklenburg-Vorpommern nach der VVLBauO M-V Abschnitt 38.8 [81], oder in Nordrhein-Westfalen nach VVBauO NW Abschnitt 38.5 [82].

Anwendung finden Elektro-Installationskanäle
- aus Isolierstoff: innerhalb von geschlossenen Nutzungseinheiten, wie Wohnungen, Büros usw.,
- aus Metall: in Rettungswegen.

Elekto-Installationsrohre nach DIN VDE 0605

Sie bestehen aus Metall, nichtflammwidrigem Isolierstoff oder aus flammwidrigem Isolierstoff (Kennzeichen „F") und sind nicht nach DIN 4102 klassifiziert.

Auf Putz dürfen nur Rohre mit dem Kennzeichen „F" oder Rohre aus Metall verlegt werden. Nichtflammwidrige Rohre sind auf ihrem ganzen Verlauf mit Putz, Beton o. a. nichtbrennbaren mineralischen Stoffen abzudecken.

In Rettungswegen sind nur Metallrohre zulässig.

Nach den VVBauO einiger Bundesländern dürfen Rohre aus Isolierstoff auch nicht über klassifizierten Unterdecken verlegt werden (s. vorstehenden Punkt „Elektro-Installationskanäle").

Unterflur-Elektroinstallationskanäle nach DIN VDE 0634

Sie dienen der Unterbringung von Leitungen im Fußboden und sind nicht nach DIN 4102 klassifiziert.

Werden sie in Rettungswegen verlegt, muß die obere Abdeckung nichtbrennbar sein und darf keine Öffnungen besitzen (RbAHD [71]).

Im Bereich *raumabschließender* Wände müssen die Kanäle in ihrem Inneren abgeschottet werden. Hierzu liefern die Hersteller der Kanäle geeignete Brandschutzmassen.

Frage 4.14 Können feuerwiderstandsfähige Installationsschächte und -kanäle im Eigenbau hergestellt werden?

Der Elektro-Installateur kann diese Schächte oder Kanäle selbst aufbauen oder durch ein anderes Gewerbe errichten lassen.

DIN 4102 Teil 4 [5] hält hierfür in den Abschnitten 8.5 und 8.6 eine ganze Reihe geprüfter und in Feuerwiderstandsklassen (nicht Funktionserhaltsklassen) klassifizierte Beispiele bereit. Gegenüber den fabrikfertigen klassifizierten Systemen kann hier von Fall zu Fall sogar eine wirtschaftlichere Lösung gefunden werden, die jedoch viel Voraussicht bei der Planung verlangt. Natürlich ist der Errichter selbst dafür verantwortlich, daß die so hergestellten Schächte und Kanäle den Bauvorschriften und Randbedingungen der DIN 4102 Teil 4 [5] entsprechen, d. h., die Gewährleistung verbleibt bei ihm. Werden beim Eigenbau Bauteile ohne Prüfnachweis verwendet, ist eine Prüfung nach DIN 4102 Teil 11 [9] notwendig. Dieses Verfahren ist in Praxis äußerst schwierig und für einen Einzelfall nicht zu empfehlen. Demgegenüber haben fabrikfertige Systeme den Vorteil, daß sie bei Änderungen der Leitungsführung flexibler sind. Außerdem trägt der Hersteller dieser Systeme – ausgenommen die zulassungsgemäße Montage – die Gewährleistung für die Einhaltung der brandschutztechnischen Parameter.

Frage 4.15 Müssen Installationsschächte und -kanäle nach DIN 4102 belüftet werden?

Sind die Schächte und Kanäle nach DIN 4102 Teil 4 [5] gefertigt, also im Eigenbau hergestellt worden, ist nach Abschnitt 8.6.4 dieser Norm eine Längsbelüftung erforderlich. Hierfür hat der Errichter der Schächte/Kanäle zu sorgen.

Ob in fabrikfertigen Systemen längs gelüftet werden muß, ist dem Zulassungsbescheid zu entnehmen. Hierzu bieten die Hersteller vorgefertigte Lüftungselemente an, die z. B. aus einem intumeszierenden Material bestehen, das im Brandfall aufschäumt und so den Kanal/Schacht sicher verschließt.

Zu beachten sind bei der Leitungsverlegung in Schächten und Kanälen die Reduktionsfaktoren nach DIN VDE 0298 Teil 4 [35], die der Planer bei der Querschnittsbestimmung einrechnen muß.

Frage 4.16 Was ist beim Herausführen von Leitungen aus Installationsschächten und -kanälen nach DIN 4102 zu beachten?

Das Herausführen einzelner Kabel oder Leitungen ist ohne besondere Abschottungsmaßnahmen möglich, wenn der verbleibende Restquerschnitt der Öffnung vollständig mit Brandschutzmasse oder Gips verschlossen wird.
Beim Herausführen von Leitungsbündeln sind die Restquerschnitte mit einem eigens dafür zugelassenen Brandschutzkitt dicht zu verschließen. Die Dicke dieser Abschottung ist im Zulassungsbescheid genau vorgeschrieben.

Frage 4.17 Gibt es besondere Anforderungen an die Befestigung von Installationsschächten und -kanälen nach DIN 4102?

Die Befestigungselemente sind im Zulassungsbescheid vorgeschrieben. Für die Wandmontage sind Dübel aus Kunststoff zugelassen, für Deckenbefestigung sind geprüfte zwangsspreizende Metalldübel zu verwenden. Abhängungen müssen aus Metall bestehen und dürfen durch die Lasten keiner größeren Zugspannung als 6 N/mm^2 ausgesetzt werden.

Frage 4.18 Ist das Durchführen von Elektro-Installationskanälen nach DIN VDE 0604 durch Brandwände erlaubt?

Elektro-Installationskanäle können mit speziellen Abschottungsmaßnahmen durch Bauteile mit Brandschutzfunktion geführt werden. Die Hersteller von Installationskanalsystemen bieten hierzu für ihre Produkte entsprechende Abschottungen an. Das trifft auch für Kanäle aus Kunststoff zu (F 5.28).

Frage 4.19 Welche DIN-VDE-Bestimmungen enthalten Aussagen über Maßnahmen gegen zu hohe Leitererwärmung?

Es sind u.a.
- DIN VDE 0100 Teil 430 [16]
  in Verbindung mit Beiblatt 1 hinsichtlich des **Schutzes bei Überstrom.** Unter anderem enthält diese Bestimmung Aussagen zum Schutz parallel geschalteter Leiter, zur zulässigen Kurzschlußdauer, zum erlaubten und empfohlenen Verzicht auf Überstromschutz und zur Absicherung des Neutralleiters.
- DIN VDE 0100 Teil 520 [17]
  hinsichtlich der **Mindestquerschnitte aktiver Leiter** in Abhängigkeit von der Verlegeart und Anwendung, wie feste Verlegung, Verlegung in Schaltschränken, offene Verlegung, bewegliche Leitungen für Geräte.
- DIN VDE 0100 Teil 540
  hinsichtlich der **Mindestquerschnitte von Erdungs-, Schutz- und Potentialausgleichsleitern,** z. B. auch der als solche verwendeten Profilschienen in Verteilungen.
- DIN VDE 0298 [35]
  hinsichtlich der **Strombelastbarkeit** in Abhängigkeit von Verlegearten, wie in wärmedämmenden Wänden, in Kanälen, auf und unter Putz, frei in Luft oder im Erdreich, abhängig von Leiterisolierungen, -querschnitten und -werkstoffen, Aderzahl, Häufungen, Umgebungstemperaturen und Einschaltdauer.

Frage 4.20 Zu welchen Folgen führt eine zu hohe Leitererwärmung?

Auch ohne daß es gleich zu einem Brand kommen muß, haben zu hohe Leitertemperaturen oft unterschätzte Langzeitwirkungen. Dazu gehört insbesondere die Verflüchtigung der Weichmacher, die zum Schrumpfen und zur Brüchigkeit der Isolierung führt. Verlust des Isolationsvermögens vor allem gegenüber Impulsspannungen aus Schalt- und atmosphärischen Vorgängen, Verkohlungen und Kriechströme sind erste Folgen.

Während kurzzeitige Überschreitungen der Leitergrenztemperatur **(Tafel 4.3)**, etwa beim Anlaufen von Motoren, keine Dauerschäden verursachen, rechnet man z. B. bei ständigen Leitertemperaturen von 90 °C bei PVC-isolierten Leitungen mit einer Lebensdauer von nur noch zwei bis drei Jahren gegenüber 20 Jahren bei zulässigen 70 °C.

Tafel 4.3 Leitergrenztemperaturen in Abhänigkeit vom Isolierstoff (Auswahl)

Isolierstoff	Symbol	Leitertemperatur in °C	
		im Betrieb	nach 5 s Kurzschluß
Gummi	G		
Synthetischer Kautschuk	SR	60	200
Naturkautschuk	NR		
Polyvinylchlorid	PVC	70	160
Ethylen-Propylen-Kautschuk	EPR		
Vernetztes Polyethylen	VPE	90	250
Ethylen-Propylen-Dien-Kautschuk	EPDM		
Ethylen-Vinylacetat-Copolymer	EVA	120	
Ethylen-Tetrafluorethylen	ETFE	135	
Silikonkautschuk	SiR	180	
Butyl-Kautschuk	IIK	85	220

Sorgfältige Auswahl der Leitungen, die Berücksichtigung der Minderungsfaktoren und eine Reserve für eventuelle spätere Erweiterungen sind daher Eckpunkte bei der Planung von Leitungsanlagen.

Frage 4.21 Warum gelten für das Verlegen von Stegleitungen besondere Anforderungen?

Stegleitungen NYIF und NYIFY besitzen lediglich eine Basisisolierung. Sie ist etwa nur halb so dick wie die Basisisolierung von Aderleitungen. Im Gegensatz zu Kabeln und Mantelleitungen erfüllen sie also nicht die Bedingungen der Schutzisolierung. Stegleitungen dürfen daher u. a.

- nur in trockenen Räumen und
- nur in oder unter Putz (mindestens 4 mm Überdeckung) sowie
- nicht auf brennbaren Baustoffen verlegt werden, auch wenn eine Überdeckung mit Putz erfolgt,
- nicht gebündelt und
- nicht unter Gipskartonplatten angeordnet werden, wenn deren Befestigung nicht ausschließlich mit Gipspflastern erfolgt.

Frage 4.22 In welchen Fällen müssen Leitungssysteme getrennt voneinander verlegt werden?

Die Forderung nach getrennter Verlegung hat verschiedene Gründe.

Einerseits kann die Trennung notwendig sein, um gegenseitige thermische und/oder elektromagnetische Beeinflussungen auszuschließen. Das ist z. B. in medizinisch genutzten Räumen der Fall, wo nach DIN VDE 0107 [27] Abstände zwischen den Starkstromanlagen und den Patientenplätzen bis zu 9 m erforderlich werden können.

Andererseits wird aus Gründen der Betriebs- und Brandsicherheit eine Trennung verlangt zwischen

- Kabeln mit Nennspannungen über 1 kV und Steuerkabeln durch Legen in getrennten Schächten oder Kanälen (VdS 2013, [39]).
- erdverlegten Einspeisekabeln der Allgemeinen (AV) und der Sicherheitsstromversorgung (SV) nach DIN VDE 0107 [27] und DIN VDE 0108 [28] in zwei voneinander mindestens 2 m entfernten Trassen, wobei die unvermeidlichen Näherungen beider Systeme im Bereich des Gebäudeeintritts besonders geschützt werden müssen, z. B. durch Kabelzugsteine oder Stahlrohr. Abdeckhauben genügen nicht.
- Einspeisekabeln der AV und SV innerhalb von Gebäuden durch Verlegung auf gesonderten Kabelwegen oder bei gemeinsamer Pritsche durch Verwendung metallener Trennstege. Hierbei sind

die Forderungen nach Funktionserhalt für das SV-Kabel zu berücksichtigen (s. Abschnitt 5.3).
- Stromkreisen für Sicherheitszwecke und anderen Stromkreisen. Hier kann nach DIN VDE 0100 Teil 560 die Art der Trennung sehr unterschiedlich sein (F 4.23).
- Starkstrom- und Fernmeldeleitungen, die in oder an Gebäuden 10 mm (bei Verwendung von Mantelleitungen oder Kabeln ist kein Abstand verlangt) und in Erde nach DIN VDE 0100 Teil 520 [17] bis zu 800 mm voneinander entfernt zu verlegen sind.
- Kabeln oder Leitungen und Teilen von Blitzschutzanlagen, wie z. B. Auffang- oder Ableitungen, deren gegenseitige zulässige Näherung nach DIN VDE 0185 [34] zu bestimmen ist (F 4.58).

Frage 4.23 Wie müssen Stromkreise für Sicherheitszwecke von anderen Stromkreisen getrennt werden?

DIN VDE 0100 Teil 560 [19] als hierfür allgemein geltende Norm hält sich mit der Antwort sehr bedeckt, geht aber davon aus, daß Störungen, elektrische Fehler oder Eingriffe in einer Anlage nicht zur Beeinträchtigung der anderen Anlage führen dürfen. Unter dieser Voraussetzung können Trennungen wie folgt vorgenommen werden:
- Trennstege auf Pritschen, in Installationskanälen o. ä. sind notwendig, wenn es sich um Zuleitungen zu Haupt- und Unterverteilungen handelt und die Kabelwege durch allgemeine Betriebsstätten führen.
Innerhalb von elektrischen und abgeschlossenen elektrischen Betriebsstätten wird man auf diese Trennstege verzichten können und derartige Kabel auf Abstand in mindestens der Größe des größten Kabeldurchmessers verlegen.
- Das Verlegen auf Abstand ist auch ausreichend bei Abgangskabeln zu einzelnen Betriebsmitteln.
Innerhalb elektrischer oder abgeschlossener elektrischer Betriebsstätten ist eine Verlegung auf Abstand nicht mehr nötig; das trifft auch für Leitungen zu einzelnen Betriebsmitteln in **einem** Raum zu.

– Handelt es sich bei den Sicherheitsstromkreisen um solche, für die Funktionserhalt verlangt ist, muß die Trennung zu anderen Leitungssystemen durch geprüfte oder bauaufsichtlich zugelassene Anordnungen erfolgen. Leitungen zu den Betriebsmitteln in **einem** Raum dürfen nach RbALei [29] nicht gebündelt werden. (s. Abschnitt 5.3).

Frage 4.24 Muß innerhalb von baulichen Kabelkanälen geschottet werden?

Innerhalb von Kanälen, Schächten, Kabelgeschossen und -böden sind gem. VdS 2025 [43] Brandabschnitte durch feuerbeständige Trennungen (F 90-A) von weniger als 40 m Länge zu bilden; im Bereich von Kreuzungen und Abzweigungen sind sie mindestens feuerhemmend (F 30) auszuführen.
Zugänge zu begehbaren Kabelkanälen müssen selbsttätig schließen und feuerbeständig (T 30) sein.
Besteht die Gefahr, daß schädigende Stoffe, wie Öl, heiße Schlacke, explosible Dämpfe o. ä. in Fußbodenkanäle eindringen können, werden diese vorteilhaft abgesandet. In diesem Fall sind zusätzliche Schottungen natürlich nicht mehr nötig.

Frage 4.25 Dürfen in Kabelkanälen und -schächten andere Versorgungssysteme installiert werden?

In ausschließlich der Kabelführung dienenden Kanälen und Schächten dürfen gem. VdS 2025 [43] keine Rohrleitungen mit brennbaren Isolierungen oder für brennbare Medien installiert werden.
In Versorgungsschächten, wie sie z. B. in Wohngebäuden für alle Medien üblich sind, ist nach DIN VDE 0100 Teil 520 [17] die gemeinsame Anordnung erlaubt, wenn die Kabel und Leitungen im ungestörten Betrieb der benachbarten Gas-, Dampf- oder Wasserleitungen keinen schädigenden Einflüssen ausgesetzt werden. Im Störfall eintretende Schäden werden also in Kauf genommen. Somit sind – bis auf die nötigen Abstände zu heißen

Leitungssystemen von mindestens 20 mm – keine gesonderten Maßnahmen der Leitungsführung erforderlich. Getrenntes Verlegen ist jedoch zu empfehlen, da bei Reparaturen an Rohrleitungen Schäden an den Elektroleitungen nicht auszuschließen sind.

In Installationsschächten und- kanälen nach DIN 4102 Teil 4 [5] mit Brennstoffleitungen dürfen Leitungen aus Baustoffen der Baustoffklasse B (damit sind auch brennbare Elektroleitungen gemeint!) oder Leitungen, die Stoffe mit Temperaturen von mehr als 100 °C führen, nicht verlegt werden (DIN 4102 Teil 4, Abschnitt 8.6.4).

Nach den TAB der Energieversorgungsunternehmen [62] dürfen aus den in F 4.9 genannten Gründen Rohrleitungen, z. B. Wasserverbrauchs- oder Abwasserleitungen, Heizungsleitungen und Ölleitungen, mit vor den Zählern liegenden Hauptstromversorgungssystemen nicht in gemeinsamen Schächten und Kanälen geführt werden.

Frage 4.26 Müssen Kabel- und Leitungsanlagen abgedeckt werden?

Das ist in den meisten Fällen nicht notwendig.
Abgedeckt werden jedoch
- Kabelpritschen im Freien, z. B. auf Dächern, aus Gründen des Blitzschutzes (Blitz-Schutzzone 0!) und des Schutzes der Kabelisolierungen gegen direkte Sonneneinstrahlung,
- öffentlich zugängliche Kabel, z. B. Mastabführungen, aus Gründen des mechanischen Schutzes,
- Kabel und Leitungen in Rettungswegen in Abhängigkeit von der Brandlast und aus Gründen des Funktionserhalts (s. Abschnitt 5.2 und 5.3),
- waagerecht montierte Kabelpritschen in staubintensiven Betriebsstätten, um solche Staubablagerungen zu verhindern, die Wärmestau begünstigen oder gar zu Staubexplosionen führen können (bei lagerndem Staub > 1mm Dicke ist stets mit Explosionsgefahr zu rechnen). Die Abdeckungen müssen gegenüber

der Senkrechten um 30° geneigt sein. Besser ist jedoch die hochkantige Montage der Pritschen (**Bild 4.5**).

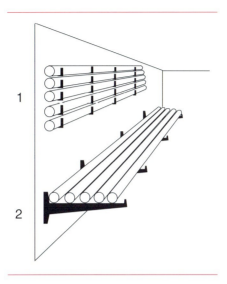

Bild 4.5 *Kabelpritschen*
1) hochkantig; 2) waagerecht

Frage 4.27 Was versteht man unter kurzschluß- und erdschlußsicherer Verlegung?

Diese Verlegeart nach DIN VDE 0100 Teil 520 [17] dient der Verhütung von Kurz- und Erdschlüssen und damit von Isolationsschäden und deren Folgen (im Gegensatz dazu charakterisiert der Begriff „kurzschlußfest" die Eigenschaft von Elektroanlagen, den thermischen und dynamischen Beanspruchungen bei Kurzschlüssen gewachsen zu sein).

Folgende Anordnungen gelten als kurzschluß- und erdschlußsicher:

– starre und auf Abstand verlegte Leiter, z. B. Sammelschienensysteme,
– einzeln in Luft geführte Aderleitungen,

- einzeln in Isolierrohr oder Installationskanal geführte Aderleitungen,
- einadrige Kabel sowie Mantel- und Gummischlauchleitungen mit einer Nennspannung von mindestens
U_0/U = 1,8 kV/3 kV (**Bild 4.6** im Anhang) und
- Kabel und Mantelleitungen in abgeschlossenen elektrischen Betriebsstätten.

Diese Verlegungsart ist immer dann notwendig, wenn die den Leitungen vorgeordneten Sicherungen deren Schutz bei Überstrom nicht gewährleisten können. Das trifft z. B. für Servicesteckdosenabgänge vor Hauptschaltern und in den meisten Fällen für die Spannungspfade von Energiezählern zu.

4.4 Leuchten und Vorschaltgeräte

Anbringungs- oder Einbauorte für Leuchten, Vorschaltgeräte und Kondensatoren sind so vielfältig wie die dafür geltenden Bestimmungen. In diesem Abschnitt ist nur eine kleine Auswahl oft wiederkehrender Fragen zusammengefaßt.

Frage 4.28 Welche Leuchten dürfen an Gebäudeteilen befestigt werden, deren Baustoffklasse unbekannt ist?

Ist das Brandverhalten brennbarer Gebäudeteile unbekannt, sind nur Leuchten mit dem Kennzeichen ▽▽ oder ▽▽ zulässig. Lassen sich die Gebäudeteile einer Baustoffklasse zuordnen, so darf die Auswahl der Leuchten nach **Tafel 4.4** erfolgen.

Tafel 4.4   Leuchten an Gebäudeteilen

Gebäudeteil der Baustoffklasse	Leuchten für Entladungslampen	Glühlampen
A	alle Leuchten	
B 1	▽ ▽	alle Leuchten
B 2	▽▽ ▽▽	
unbekannt	▽▽ oder ▽▽	

Frage 4.29 Viele Leuchten tragen kein Einsatzsymbol. Wo dürfen sie befestigt werden?

An **nichtbrennbaren Bauteilen** dürfen auch nichtgekennzeichnete Leuchten ohne besondere Maßnahmen befestigt werden.
Das trifft ebenfalls zu, wenn Leuchten mit Glühlampen an **brennbaren Bauteilen** der Klassen B1 oder B2 befestigt werden.
Die Befestigungsfläche von Leuchten für Entladungslampen muß zu brennbaren Baustoffen der Klassen B1 oder B2 einen Abstand von mindestens 35 mm haben. Sind sie zur Befestigungsfläche hin offen, schreibt DIN VDE 0100 Teil 559 [18] zusätzlich eine Abdeckung auf der gesamten Länge und Breite aus 1 mm dickem Blech vor **(Bild 4.7)**.

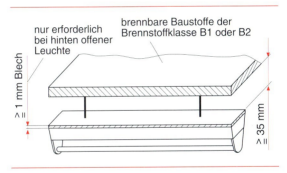

Bild 4.7   Leuchte ohne Kennzeichen an brennbaren Baustoffen

Frage 4.30 Müssen bei Durchgangsverdrahtung in Leuchten wärmebeständige Leitungen eingesetzt werden?

Zunächst müssen die Leuchten für eine Durchgangsverdrahtung überhaupt geeignet sein, d. h., sie benötigen beispielsweise zwei Einführungen, und die Abzweigklemmen müssen im Inneren der Leuchten am Leuchtenkörper befestigt sein.
Schreibt der Hersteller nichts anderes vor, so sind gem. DIN VDE 0100 Teil 559 [18] innerhalb der Leuchten wärmebeständige Leitungen zu verwenden, z. B. H05SJ-K.

Frage 4.31 Dürfen Vorschaltgeräte auf brennbaren Baustoffen montiert werden?

Auf leichtentflammbare Baustoffe (B 3) gehören keine Vorschaltgeräte. Insbesondere bei Starterversagen oder nichtzündenden Lampen können die Vorschaltgeräte Temperaturen annehmen, die zur Entzündung derartiger Baustoffe führen würden.
Zu Baustoffen der Klassen B 1 und B 2 ist nach DIN VDE 0100 Teil 559 [18] ein Abstand von mindestens 35 mm einzuhalten.
Bei Vorschaltgeräten für Leuchtröhrenanlagen mit Nennspannungen über 1000 V nach DIN VDE 0128 [31] sind zu diesen Baustoffen seitliche Abstände von 10 cm, nach oben sogar von 20 cm vorgeschrieben (**Bild 4.8**).

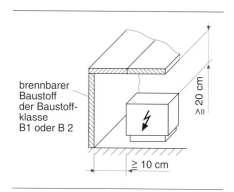

Bild 4.8   Abstände zwischen Vorschaltgeräten und brennbaren Baustoffen

Vorschaltgeräte mit dem Kennzeichen Ⓡ dürfen direkt auf brennbaren Baustoffen der Klassen B 1 und B 2 befestigt werden. Mit dieser Kennzeichnung gelten sie als unabhängiges Zubehör und erreichen auch in Fehlerfällen nicht die Zündtemperaturen dieser Baustoffe.

Frage 4.32 Ist der Einbau von Leuchtröhrenanlagen in Schaufenstern gestattet?

Bei dieser Frage kommt es wohl mehr auf die Unterbringung der Vorschaltgeräte an.

Sie dürfen in Schaufenstern und -kästen nicht untergebracht werden. Ist das jedoch unumgänglich, müssen die Vorschaltgeräte mit nichtbrennbaren Baustoffen (Klasse A) und mindestens feuerhemmend (F 30) gekapselt sein.

Zu Reliefkörpern aus brennbaren Baustoffen, z. B. Acrylglas, muß der Luftabstand der Transformatoren der Vorschaltgeräte wenigstens 35 mm Abstand besitzen. Gemäß DIN VDE 0128 [31] können diese Trafos auf 35 mm hohe Keramikstützer oder auf eine 12 mm dicke Fiber-Silikatplatte montiert werden **(Bild 4.9)**.

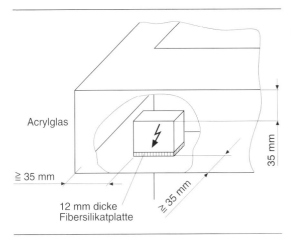

Bild 4.9 *Abstände des Trafos eines Vorschaltgerätes zum Acrylglas einer Dekorationsumfassung*

Frage 4.33 Welche Brandgefährdungen gehen von Niedervoltbeleuchtungsanlagen aus?

Hinsichtlich des Schutzes gegen elektrischen Schlag bestehen keine Bedenken, denn NV-Beleuchtungsanlagen müssen mit Schutzkleinspannung betrieben werden. Gefordert sind kurzschlußfeste Sicherheitstransformatoren nach DIN VDE 0551 mit den Bildzeichen ⌑ und ⱲⱲ.

Die niedrige Betriebsspannung verführt allerdings vor allem den Laien zu der irrigen Annahme, NV-Beleuchtungsanlagen wären ungefährlich. Übersehen werden dabei nämlich die Brandgefahren, die sich in erster Linie aus den relativ hohen Betriebsströmen und den thermischen Besonderheiten der NV-Halogenglühlampen ergeben. Es fließen gegenüber vergleichsweise gleicher Leistung bei 230 V hier Ströme von etwa 20facher Größe; an den Lampenkolben entstehen Temperaturen von mehr als 500 °C; die Wärmeenergie (ca. 85 % der zugeführten elektrischen Energie) wird zu 90 % (bei Kaltlichtreflektoren 40 %) in Strahlungsrichtung an die Umgebung abgegeben.

Frage 4.34 Welche Regeln sind bei Niedervolt-Beleuchtungsanlagen einzuhalten?

Nach VdS 2302 [53] und 2324 [54] gelten folgende Regeln:

Transformatoren, Konverter, Dimmer
- Die vorgeschriebenen Sicherheitstransformatoren müssen die Bildzeichen ⌑ und ⱲⱲ tragen.
- Konverter müssen gegen Überhitzung geschützt sein (Bildzeichen Ⱳ); werden sie als selbständiges Zubehör eingesetzt, benötigen sie die Kennzeichnung Ⓡ.
- Transformatoren und Konverter müssen so angeordnet werden, daß die Stromverteilung auf kürzestem Wege erfolgt. Bei Einbau in Hohlräume oder Zwischendecken darf kein Wärmestau entstehen; sie müssen zugänglich bleiben.
- Dimmer zur Trafosteuerung müssen für das 1,1-fache der Trafo-

leistung und für Dauerbetrieb ausgelegt sein; bei Leerlauf müssen sie den Trafo abschalten.

Leuchten

- Leuchten benötigen Sicherheitsscheiben, die das Herausfallen heißer Teile verhindern.
- Zu brennbaren Stoffen ist in Strahlungsrichtung ein Mindestabstand von 0,5 m erforderlich.
- Abstände, die hinter den Reflektoren einzuhalten sind, müssen den Herstellerangaben entnommen werden; sie sind von System zu System verschieden.
- Sind die Transformatoren in oder an den Leuchten angebaut, müssen die Leuchten das Zeichen ▽▽ tragen.

Leiter

- Isolierte Leitungen müssen einer Prüfspannung von mindestens AC 500 V über 1 min standhalten; geeignet ist z. B. NYM.
- PVC-isolierte Aderleitungen sind in Elektroinstallationsrohren nach DIN VDE 0605 zu verlegen mit der Kennzeichnung
 ACF in Einrichtungsgegenständen und baulichen Anlagen aus brennbaren Baustoffe (F 4.35),
 AS, A oder *B* in nichtbrennbaren Baustoffen und
 AS, A oder *F* auf nichtbrennbaren Baustoffen.
- Die Leiter müssen den Betriebsstrom tragen können, ohne sich unzulässig zu erwärmen. Der folgenden **Tafel 4.5** ist der maximal zulässige Spannungsabfall von 0,5 V bei 12 V Betriebsspannung zugrundegelegt:

Tafel 4.5   Zuordnung von Leiterquerschnitten in Niedervoltbeleuchtungsanlagen bei einem Spannungsabfall von 0,5 V.
Die „Bewertung" in der linken Spalte ist das Produkt aus den Zahlenwerten der Lampenleistung in Watt und der Leitungslänge in Meter ab Transformator.

Bewertung	Kupferquerschnitt in mm^2
257	1,5
429	2,5
686	4
1029	6

> *Beispiel:*
> Die erforderliche Leitungslänge soll 10 m betragen, die Lampenleistung 50 W. Werden die Zahlenwerte miteinander multipliziert, so ergibt sich die Bewertung 500. Aus der nächst höheren Bewertung nach Tafel 10, also 686, ergibt sich der notwendige Kupferquerschnitt zu 4 mm².

- Die Mindestquerschnitte müssen jedoch betragen
  1,5 mm² Cu bei fester Legung,
  1,0 mm² Cu bei flexiblen Leitungen (sie dürfen nicht länger als 3 m sein) und
  4,0 mm² Cu bei freihängenden flexiblen Leitungen.
- Im Handbereich (also z. B. bis in eine Höhe von 2,25 m), bei Anwesenheit leichtentzündlicher Stoffe sowie in medizinisch genutzten Räumen der Anwendungsgruppen AG 1 und AG 2 nach DIN VDE 0107, Abschnitt 4.1.2 [27], und in baulichen Anlagen für Menschenansammlungen nach DIN VDE 0108, Abschnitt 5.2.3.1 [28], sind blanke Leiter auch bei Spannungen unter 25 V unzulässig.
- Um den Auswirkungen von Kurzschlüssen zu begegnen (es werden ja kurzschlußfeste Trafos verwendet!), muß mindestens ein aktiver Leiter isoliert ausgeführt sein, es sei denn, es ist eine Überwachungseinrichtung vorhanden, die bei einer Leistungserhöhung von mehr als 60 W und bei Leistungsminderung, z. B. durch Lampenausfall, die Anlage innerhalb von 0,3 s abschaltet.
- Freihängende oder Träger- bzw. Profilleiter dürfen nicht verdeckt verlegt werden, also nicht in Zwischendecken oder durch Hohlräume. Sie müssen eine Masse von mindestens 10 kg tragen können.
- Leitungen in Zwischendecken und Hohlräumen müssen isoliert sein und befestigt werden (DIN VDE 0100 Teil 520 [17]).

Verbindungen
- Schneidklemmen sind unzulässig.
- Nicht fest verlegte Leitungen sind gegen Schub und Zug zu entlasten.

- Der Anschluß von Leuchten auf Träger- oder Profilleitern mittels Wurfleitungen und Kontergewichten ist unzulässig.

Befestigungen
- Alle Befestigungsmittel, wie Haken, Ösen, Schellen, Abstandshalter usw., müssen isoliert sein.

4.5 Elektroinstallationen in Gebäuden aus vorwiegend brennbaren Baustoffen

Frage 4.35 Welche baulichen Anlagen gehören zu Gebäuden aus vorwiegend brennbaren Baustoffen?

Zu derartigen Anlagen gehören z. B. komplette Holzhäuser und Gebäude mit Bauelementen aus Holz oder brennbaren Gebäudeteilen, wie Hohlwände, Decken, hölzerne Dachböden und Raumteiler, Container mit leichtentzündlicher Wärme- oder Schallisolierung, Gartenlauben aus Holz usw. Hierfür gilt DIN VD 0100 Teil 730 [23] und VdS 2023 [41]. In F 3.4 sind beispielhaft brennbare Baustoffe für alle Baustoffklassen B 1 bis B 3 genannt.

Beachte: Für Gebäudeteile ist die Baustoffklasse B 3 (leichtentflammbar) nicht zulässig!

Frage 4.36 Wie ist bei derartigen Anlagen der Hausanschluß zu gestalten?

Prinzipiell gilt F 4.10. Zusätzlich ist nach VdS 2023 [41] der Fußboden, sollte auch er aus brennbaren Baustoffen bestehen, gegen heiße herabfallende Teile zu schützen. Hierzu genügt eine Unterlage aus Fibersilikat oder Stahlblech.

Frage 4.37 Sind FI-Schutzschalter vorgeschrieben?

Nein. Sie sind zwar eine sehr sichere Maßnahme der Verhütung von Bränden, aber nicht die einzige (F 4.38). Außerdem ist ein Schutz bei Kurzschluß notwendig [16]. Möglich sind auch nach VdS 2023 [41]

– im TN-System Überstromschutzorgane, die einen vollkommenen Kurz- oder Körperschluß innerhalb von 5 s abschalten [16]. Kabel und Leitungen müssen kunststoffisoliert sein und sollen einen konzentrischen Leiter besitzen, der mit dem Schutzleiter zu verbinden ist [41]. Durch elektrisch leitfähige Baukonstruktionsteile fließende Fehlerströme werden damit verhindert.
– im IT-System eine Isolationsüberwachungseinrichtung, die den ersten Fehler R_{iso} < 50 Ω/V meldet; der zweite Fehler muß innerhalb von 5 s zur Abschaltung führen.
– die kurzschluß- und erdschlußsichere Verlegung von Leitungen nach DIN VDE 0100 Teil 520 [17] (F 4.27).

Wenn in TN- und TT-Systemen FI-Schutzschalter verwendet werden, muß deren Nennfehlerstrom ≤ 300 mA, für Deckenheizungen aus Flächenheizelementen ≤ 30 mA betragen [41].

Frage 4.38 Weshalb sind FI-Schutzschalter eine wichtige Maßnahme des Brandschutzes?

Gegen Isolationsfehler ist die FI-Schutzschaltung die unkomplizierteste Maßnahme und genießt sicher den Vorrang. Auch deshalb, weil sie für andere Bereiche des betreffenden Gebäudes ohnehin Vorschrift ist, wie z. B. in den Räumen mit Badewanne oder Dusche nach DIN VDE 0100 Teil 701 oder für Anlagen im Freien nach DIN VDE 0100 Teil 737.

Wird in allen Leitungen der Schutzleiter mitgeführt, also auch zu schutzisolierten Betriebsmitteln (in denen er natürlich nicht aufgelegt wird), so ist die gesamte Leitungsanlage gegen Isolationsfehler nahezu lückenlos überwacht.

Fehlerstromschutzeinrichtungen sind besonders wichtig für Installationen in Zwischendecken oder auf hölzernen Dachböden, an Orten also, die nicht ständig unter Beobachtung stehen und mitunter bevorzugter Aufenthalt für Schadnager sind. Bei den in der VdS-Richtlinie 2023 [41] vorgegebenen Nennfehlerströmen ≤ 300 mA erfolgt die Abschaltung bereits bei einer „Fehler"-Leistung von weniger als 70 W, so daß die Entzündungsmöglichkeit brennbarer Stoffe in Grenzen gehalten wird.

Frage 4.39 Dürfen auch Einbaudosen und Kleinverteiler ohne die Kennzeichnung ⱽ in brennbare Hohlwände eingebaut werden?

Das ist möglich, in der Montage aber auch aufwendig und deshalb nicht zu empfehlen. Es werden dazu zwei Fälle unterschieden:
1. Innerhalb der Hohlwand befinden sich leichtentzündliche Stoffe mit Entzündungstemperaturen < 200 °C z. B. zur Schall- oder Wärmeisolierung:
Einbaugeräte ohne das Kennzeichen ⱽ müssen mit 12 mm dicken Fiber-Silikatplatten umhüllt oder in 100 mm Steinwolle eingebettet werden.
2. Innerhalb der Hohlwand befinden sich keine leichtentzündlichen Stoffe:
   - Nach DIN VDE 0606 Teil 1 geprüfte Einbaugeräte dürfen ohne besondere Maßnahmen eingesetzt werden.
   - Andere Einbaugeräte sind wie unter 1. beschrieben zu umhüllen.

Frage 4.40 Sind Stegleitungen in Gebäuden aus vorwiegend brennbaren Baustoffen zulässig?

Nein, denn die Verlegebedingungen nach DIN VDE 0100 Teil 520 [17] können in diesen baulichen Anlagen nicht erfüllt werden; s. auch F 4.21.

Frage 4.41 Welche Abstände zwischen Elektroleitungen und anderen Systemen sind vorgeschrieben?

Elektrokabel, -leitungen, -installationsrohre und -kanäle sollen nach VdS 2023 [41] einen Abstand haben von
- 100 mm zu Heißwasser- und Heizungsrohren,
- 250 mm zu Rauch- und Abgasrohren.

Frage 4.42 Müssen metallene Elektroinstallationsrohre und -kanäle in die Schutzmaßnahme einbezogen werden?

In diesen baulichen Anlagen gemäß VdS 2023 [41] ja. Das trifft auch für die Oberteile von Kanälen zu.
Im allgemeinen ist das Einbeziehen derartiger Rohre und Kanäle in eine Schutzmaßnahme nur vorgeschrieben, wenn in diesen Leitungen verlegt werden, die lediglich eine Basisisolierung besitzen, z. B. Aderleitungen.
Hiermit wird weniger der Schutz gegen elektrischen Schlag verfolgt, als vielmehr das Erkennen und Abschalten von Isolationsfehlern durch FI-Schutzschalter, bevor durch Fehlerströme Brände verursacht werden können.

Frage 4.43 Welche Zwischenlagen sind für Betriebsmittel geeignet, die zur Befestigungsfläche hin offen sind?

Die Verwendung hinten offener Geräte zum Aufbau auf brennbaren Bauteilen sollte eine Ausnahme bleiben.

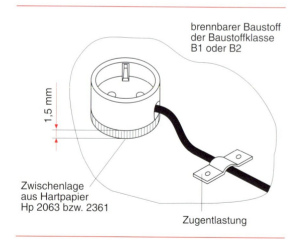

Bild 4.10 Installationsmaterial für Nennströme bis 63 A bei nichtversenkten Einbau (nicht für Kleinverteiler oder Zählertafeln!)

Bis zu Nennströmen von 63 A genügt nach VdS 2023 [41] z. B. eine Zwischenlage von 1,5 mm Dicke aus Hartpapier Hp 2063 oder Hp 2361.

Kleinverteiler, Zählertafeln und Aufbaugeräte mit Nennströmen über 63 A müssen gegen brennbare Befestigungsflächen durch eine 12 mm dicke Fiber-Silikatplatte getrennt werden, Blech als Zwischenlage genügt nicht **(Bilder 4.10 und 4.11)**.

Für Leuchten wird auf Abschnitt 4.4 und F 4.44 verwiesen.

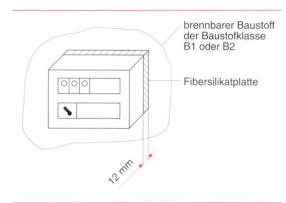

Bild 4.11   Kleinverteiler auf brennbaren Baustoffen

Frage 4.44 Was ist beim Einbau von Leuchten zu beachten?

Leuchten mit der Kennzeichnung ▽ , ▽▽ , ▼ und ▼▼ dürfen direkt auf brennbaren Baustoffen der Klassen B 1 und B 2 befestigt werden, da sie durch ihre Bauart nur eine begrenzte Oberflächentemperatur annehmen.

Leuchten ohne Kennzeichnung müssen zu diesen Stoffen einen Abstand von mindestens 35 mm haben.

In Hohlwände, in denen sich leichtentzündliche Stoffe z. B. zur Schall- oder Wärmeisolierung befinden, dürfen nach VdS 2023 [41] Leuchten nicht eingebaut werden.

Im Abschnitt 4.4 ist weiteres zum Einsatz von Leuchten beschrieben.

Frage 4.45 Dürfen Einbaugeräte mit Krallen befestigt werden?

Nein. Ähnlich wie bei Leitungen, die innerhalb von Hohlwänden nicht befestigt werden können und deshalb an den Anschlußstellen (Hohlwanddosen, Kleinverteiler) gegen Schub und Zug entlastet werden müssen, ist eine sichere Befestigung auch der Einbaugeräte notwendig, die durch Krallen allein nicht garantiert werden kann. Besser sind Schraubbefestigungen.

4.6 Elektroinstallationen in Möbeln und ähnlichen Einrichtungsgegenständen

Brennbare Einrichtungsgegenstände z. B. Möbel sind in Wohnungen, Büros und kulturellen Bereichen ein bevorzugter und oft notwendiger Einbauort für Elektroinstallationen. Dabei können elektrische Betriebsmittel den brennbaren Bauteilen gefährlich nahekommen. Isolationsfehler und Wärmestau müssen möglichst verhindert und die Oberflächentemperatur an Geräten auf ein sicheres Niveau begrenzt werden.

Frage 4.46 Welche Leitungen sind zulässig?

Verwendet werden dürfen gemäß DIN VDE 0100 Teil 724 [22] und VdS 2024 [42] für feste Legung Mantelleitungen, z. B. NYM, und Kabel, z. B. NYY, sowie Aderleitungen in nichtmetallenen Installationsrohren mit der Kennzeichnung ACF.
Für feste Legung dürfen auch Leitungen zum Anschluß ortsveränderlicher Geräte, wie Gummi- oder Kunststoffschlauchleitungen mindestens H05..., Verwendung finden.

Frage 4.47 Dürfen auch Querschnitte unter 0,75 mm^2 Cu verlegt werden?

Es ist nach DIN VDE 0100 Teil 724 [22] und VdS 2024 [42] mindestens 1,5 mm^2 Cu erforderlich. Der Leiterquerschnitt darf auf 0,75 mm^2 nur verringert werden, wenn

- ein Betriebsstrom von 5 A nicht überschritten wird; ein vorgeschaltetes 4-A-Schutzorgan kann das gewährleisten,
- die einfache Leitungslänge nicht größer als 10 m ist,
- keine Steckvorrichtungen zum Anschluß weiterer Betriebsmittel im Leitungszug vorhanden sind.

Frage 4.48 Versenkter und nicht versenkter Einbau – welche Grundsätze sind zu beachten?

Installationsmaterialien für den **versenkten Einbau** müssen durch das Symbol ▽ gekennzeichnet sein; die Schutzart für Hohlwanddosen und Kleinverteiler muß außerdem mindestens IP 30 betragen. Materialien ohne die Kennzeichnung ▽ müssen nach VdS 2024 [42] mit mindestens 12 mm dicken Fiber-Silikatplatten umhüllt werden. Deshalb ist diese Ausführung nicht zu empfehlen. Bei **nicht versenktem Einbau** gelten die Ausführungen in F 4.43. Für den Einbau von Leuchten gelten die Festlegungen nach DIN VDE 0100 Teil 559 [18] (s. **Tafel 4.6**).

Tafel 4.6   Notwendige Kennzeichnung von Leuchten in Einrichtungsgegenständen

Möbel der Baustoffklasse	Leuchten für Entladungslampen	Glühlampen
A B 1, B 2	▽ oder ▽▽	▽▽
unbekannt	▽▽	

Bei der Ausführung der Installation ist besonders auf die Vermeidung von Knick- und Quetschstellen zu achten; Beschädigungen durch scharfe Kanten müssen vermieden werden. Für eine Zugentlastung der Leitungen ist zu sorgen. Besonderes Augenmerk ist auf die Möglichkeit ungehinderter Wärmeabfuhr zu legen (**Bild 4.12** im Anhang).

4.7 Feuergefährdete Betriebsstätten

Feuergefährdete Betriebsstätten sind nach DIN VDE 0100 Teil 720 [21] Räume oder Orte im Freien, bei denen sich leichtentzündliche Stoffe elektrischen Betriebsmitteln so nähern können, daß durch höhere Temperaturen an ihren Oberflächen oder Lichtbögen eine Brandgefahr entsteht.

Leichtentzündlich sind nach dieser Norm solche Stoffe, die 10 s einer Streichholzflamme ausgesetzt wurden und danach selbständig weiterbrennen oder weiterglimmen.

Frage 4.49 Nach welchen Kriterien werden Räume oder Bereiche eingestuft?

Bedeutsam ist der Aggregatzustand der gefahrbringenden Stoffe.
- Bei Anwesenheit leichtentzündlicher **fester Stoffe** wird im allgemeinen nur die **Brandgefahr** eingeschätzt; bei Stäuben kann auch Explosionsgefahr möglich sein.
- Die Beurteilung der Gefahr durch **brennbare Flüssigkeiten** ist schon differenzierter, da ihre physikalischen Eigenschaften auch stark von den Umgebungsbedingungen abhängen. Eine wesentliche Rolle spielt z. B. der *Flammpunkt,* nach dem die brennbaren Flüssigkeiten gemäß VbF [63] in *Gefahrklassen* eingestuft werden. Bei Flüssigkeiten mit Flammpunkten über 55 °C (Gefahrklasse A III, hierzu gehören z. B. Dieselkraftstoff und leichtes Heizöl) ist von einer **Brandgefahr** auszugehen. Bei Flammpunkten darunter (Gefahrklassen A I, A II und B) muß mit **Explosionsgefahr** gerechnet werden, bei A-III-Flüssigkeiten auch dann, wenn man sie über ihren Flammpunkt hinaus erwärmt.
- Handelt es sich um gefährdende **Gase,** so wird im allgemeinen nach der **Explosionsgefahr** beurteilt.

Ob eine Brand- oder Explosionsgefahr besteht, hängt auch von der Anwesenheit einer gefahrdrohenden Stoffmenge, einem hinreichenden Sauerstoffangebot sowie möglicher Zündquellen ab (F 3.1).

Die Einstufung, die gewöhnlich der Betreiber vornimmt, ist oft nicht einfach und soll im Rahmen dieser Broschüre nicht weiter verfolgt werden.

Frage 4.50 Welche Betriebsstätten sind feuergefährdet?

Einige Bereiche lassen sich schon aufgrund ihrer allgemein üblichen Betriebsbedingungen den feuergefährdeten Betriebsstätten zuordnen **(Tafel 4.7)**.

Tafel 4.7   Beispiele für feuergefährdete Betriebsstätten und die erforderliche Mindestschutzart der elektrischen Betriebsmittel

Feuergefährdete Betriebsstätten	Schutzart
Bergeräume für Stroh, Heu usw.	IP 5X
Bitumenverarbeitungsanlagen	IP 4X
Futteraufbereitungsanlagen, Mühlen	IP 5X
Getreidesilos (evtl. explosionsgefährdet)	IP 5X
Holzbearbeitung u.-verarbeitung, Tischlereien	IP 5X
Montagegruben (evtl. explosionsgefährdet)	IP 4X
Kohleverarbeitungsanlagen	IP 5X
Lackierereien (evtl. explosionsgefährdet)	IP 4X
Läger f. brennb. Stoffe (Öl, Lack...)	IP 4X
Papierind. (Druckereien, Verpackg.)	IP 4X
Textilbearbeitung und -verarbeitung	IP 5X
Trocknungsanlagen	IP 5X

Die genaue Einstufung wird aber immer ein Individualfall bleiben. Eine detaillierte Aufstellung dieser Betriebsstätten mit Empfehlungen zum Einsatz elektrischer Betriebsmittel und der an sie gestellten Forderungen enthält die VdS-Richtlinie 2033 [45], die dabei Hilfe leisten kann.

Frage 4.51 Müssen in feuergefährdeten Betriebsstätten FI-Schutzschalter eingesetzt werden?

In DIN VDE 0100 Teil 720 [21] ist das als Möglichkeit vorgesehen, wobei der Nennfehlerstrom 500 mA nicht überschritten werden darf. VdS 2033 [45] empfiehlt den Einsatz von Schaltern mit

$I_{\Delta n} \le 300$ mA, mit denen sich hohe Schutzwirkungen erreichen lassen (F 4.38). Bei besonders extremer Brandgefahr ist ein $I_{\Delta n} \le 30$ mA zu empfehlen; die Auslösung dieser Schalter erfolgt bereits bei „Fehler-"Leistungen < 7 W. Natürlich ist der Schutz bei Kurzschluß nötig [16]. Möglich ist auch eine erd- und kurzschlußsichere Verlegung (F 4.27).

Frage 4.52 Welche Schutzart wird gefordert?

– Bei einer Gefährdung durch Fasern oder Stäube müssen nach DIN VDE 0100 Teil 720 [21] die elektrischen Betriebsmittel in IP 5X ausgeführt sein. Für Maschinen mit Käfigläufer genügt IP 4X (Klemmkasten jedoch IP 5X).
– Liegt eine Gefährdung durch andere leichtentzündliche Stoffe, leichtentflammbare Baustoffe B 1 oder brennbare Flüssigkeiten der Gefahrklasse A III vor, ist IP 4X ausreichend, bei Elektrowärmegeräten IP 2X.

Zusätzlich ist zu beachten, daß nach DIN VDE 0100 Teil 720 [21]
– Steckvorrichtungen mit Klappdeckel eingesetzt werden,
– Neutralleitertrennklemmen in den Verteilern einzusetzen sind,
– Leuchten Schutzgläser haben, die das Herausfallen heißer Teile verhindern; bei Gefahr mechanischer Beschädigung sind Schutzkörbe erforderlich,
– Leuchten bei Anwesenheit von Stäuben oder Fasern die Kennzeichnung ▽▽ besitzen müssen,
– Heizgeräte, bei denen der Speicherkern mit der Raumluft in Berührung kommt, bei Gefährdung durch Fasern oder Stäube nicht eingesetzt werden dürfen.

Frage 4.53 Warum muß bei Einsatz von FI-Schutzschaltern auch zu schutzisolierten Betriebsmitteln ein Schutzleiter mitgeführt werden?

In den Leitungen zu Betriebsmitteln auch der Schutzklasse II mitgeführte Schutzleiter erfüllen die attraktive Funktion eines Überwachungsleiters, der bei Isolationsfehlern aktiver Leiter gegen

Erde die Auslösung des FI-Schutzschalters ermöglicht und so unkontrollierte Fehlerströme im Gebäude verhindert. Da die Auslöseströme der FI-Schutzschalter etwa 2/3 ihrer Nennfehlerströme betragen, erkennt beispielsweise ein 300-mA-Schalter bei AC 230 V Isolationsfehler von etwa 1 kΩ; 30-mA-Schalter können bereits bei Isolationsfehlern $\leq$ 10 kΩ ansprechen. Mit Rücksicht auf den nach DIN VDE 0105 Teil 1, Abschnitt 5.3.5.3 b) erlaubten Mindestwert von 300 Ω/V erscheint der Einsatz noch empfindlicherer Schalter in besonderen Fällen, z. B. bei hoher Brandgefahr und gleichzeitig robuster Beanspruchung der Elektroanlage, durchaus gerechtfertigt.

Frage 4.54 Wie werden unzulässige Überhitzungen von Betriebsmitteln und Leitungen vermieden?

Neben der richtigen Dimensionierung der Leitungsanlage werden an dieser Stelle aus DIN VDE 0100 Teil 705 [20] und Teil 720 [21] einige weitere Maßnahmen genannt:
- Motoren, die unbeaufsichtigt laufen oder selbsttätig eingeschaltet werden, benötigen einen thermischen Schutz mit Wiedereinschaltsperre. Empfohlen wird das auch für unter Aufsicht betriebene Maschinen.
In Anlehnung an VDE 0107 [27] sind Motorschutzschalter oder ähnliche Einrichtungen nicht erforderlich für Kühl-, Gefrier- und Klimageräte mit blockierungssicheren Motoren, wenn dies auf dem Gerät oder in der Gebrauchsanleitung bestätigt ist.
- Auf elektrischen Heizgeräten – ihre Oberflächentemperatur darf übrigens 115 °C nicht überschreiten – muß die Ablage von Gegenständen erschwert sein.
- Warmluftgebläse benötigen einen Temperatur- oder Luftstromwächter mit Wiedereinschaltsperre.
- Kurzschlüsse zwischen Außen- und Neutralleiter müssen innerhalb von 5 s abgeschaltet werden.

4.8 Blitzschutzanlagen

Obwohl sie nicht genau unter den Titel dieses Hauptabschnittes passen, sollen hier einige grundsätzliche Fragen zum Blitzschutz beantwortet werden. Blitzschutz ist auch Brandschutz. Trotzdem ist es nicht Absicht, unter diesem eigentlich sehr wichtigen Thema auf Tiefe zu gehen – das ginge über den Rahmen unseres kleinen Büchleins weit hinaus –, aber vielleicht genügen einige kleine Denkanstöße mit den folgenden Fragen:

Frage 4.55 Für welche baulichen Anlagen ist Blitzschutz gefordert?

Antwort hierauf geben die Bauordnungen und insbesondere die Sonderbau-Ordnungen der Bundesländer. Zunächst heißt es in § 17 MBO [55]:
„Bauliche Anlagen, bei denen nach Lage, Bauart oder Nutzung Blitzschlag leicht eintreten oder zu schweren Folgen führen kann, sind mit dauernd wirksamen Blitzschutzanlagen zu versehen."
Zu diesen baulichen Anlagen gehören
- Hochhäuser (HochVO),
- Geschäftshäuser (GhVO),
- Versammlungsstätten (VStättVO),
- Krankenhäuser (KhBauVO),
- Mittel- und Großgaragen (GarBauVO),
- Schulen (BASchulR).

Aber auch andere Normen schreiben Blitzschutzanlagen vor, z. B. für
- explosivstoffgefährdete Bereiche (VBG 55 a),
- explosionsgefährdete Bereiche (Ex-RL),
- freistehende Dampfkessel der Gruppe IV (TRD 403),
- Tankanlagen (TRbF 100).

In einigen Ländern bestehen weitergehend Forderungen für
- Gebäude mit besonderer Brandgefährdung, z. B. Holzverarbeitungsbetriebe, Gebäude mit weicher Bedachung,
- Heime, Kasernen, Justizvollzugsanstalten, Bahnhöfe,
- Gebäude mit Kulturgütern, z. B. Museen, Archive,
- hohe Gebäude, die ihre Umgebung wesentlich überragen.

Frage 4.56 Warum kann Blitzschlag zu Bränden führen?

Die Ladungsmenge des Blitzes liegt etwa zwischen 50 As und 200 As. Sie ist für den Energieumsatz an der Einschlagstelle maßgebend. Schon 100 As genügen zum Ausschmelzen von 4 mm bis 8 mm großen Löchern in beispielsweise 1,5 mm dicken Stahlblechen. Befinden sich unter der Einschlagstelle brennbare oder gar leichtentflammbare Stoffe, so ist ein Brand nicht auszuschließen.
Auch die im Blitz enthaltene Energie – die spezifische Energie liegt immerhin bei Werten zwischen 2,5 $(kA)^2s$ und 10 $(kA)^2s$ – läßt sich zur Betrachtung der Erwärmung blitzstromdurchflossener Leiter heranziehen. Legt man den größeren Wert zugrunde, schmelzen bzw. verdampfen Querschnitte von 10 mm^2 bei Kupfer, von 16 mm^2 bei Aluminium bzw. von 25 mm^2 bei Stahl. Damit sich hieraus keine Brände entwickeln, legt IEC 1024-1 in Tabelle 6 die nächsthöheren Querschnitte für Blitzschutzpotentialausgleichsleitungen fest mit 16 mm^2 Cu, 25 mm^2 Al und 50 mm^2 St.

Frage 4.57 Können auch Brände durch Blitzeinschlag entstehen, wenn eine Blitzschutzanlage vorhanden ist?

Ein absoluter Schutz ist auch bei vorschriftsmäßiger Blitzschutzanlage nicht garantiert. Darüber hinaus kann eine Blitzschutzanlage, die nicht richtig geplant oder defekt ist, ein hohes Risiko bedeuten.

Frage 4.58 Welche Maßnahmen des Blitzschutzes sind für die Vermeidung von Bränden besonders zu beachten?

Beim äußeren Blitzschutz sind es vor allem die Einhaltung der vorgeschriebenen Materialquerschnitte, insbesondere dann, wenn Blecheindeckungen als Fangeinrichtungen verwendet werden. Zu beachten ist dabei, daß DIN VDE 0185 Teil 100 (E) wesentlich größere Blechdicken vorsieht, als die derzeitig gültige Fassung (4 mm bis 7 mm, wenn das Durchlöchern nicht hingenommen werden darf, etwa bei feuer- und explosionsgefährdeten Betriebsstätten).
Größere Bedeutung für die Brandverhütung haben jedoch die

Maßnahmen des inneren Blitzschutzes. Hier sind die Näherungen zwischen Teilen der Fang- bzw. Ableiteinrichtungen und metallenen sowie Elektroinstallationen bedeutsam. Werden die Sicherheitsabstände unterschritten, so muß mit gefährlicher Funkenbildung im Gebäudeinneren gerechnet werden. Die zulässigen Näherungen sind abhängig vom Abstand der Näherungsstelle zum nächsten darunterliegenden Potentialausgleich und lassen sich daher nicht generell als absolutes Maß angeben. Näherungen unter 0,5 m sind aber immer „verdächtig" und müssen mit den Gleichungen aus DIN VDE 0185 Teil 1, Abschnitt 6.2 [34] untersucht werden. Genauer ist jedoch die Näherungsbeziehung nach DIN VDE 0185 Teil 100 (E).

Unzulässige Näherungen werden entweder leitend oder über Funkenstrecken gebrückt oder durch Vergrößern der Abstände beseitigt. Eine weitere wichtige Maßnahme des inneren Blitzschutzes ist der Blitzschutz-Potentialausgleich, der in der Praxis viel zu häufig vernachlässigt wird. Im Gegensatz zum Hauptpotentialausgleich nach DIN VDE 0100 Teil 540 sind größere Mindestquerschnitte verlangt, wenn eine Blitzschutzanlage installiert ist. Damit soll das Abschmelzen oder Verdampfen der Potentialausgleichsleiter im Gebäudeinneren verhindert werden.

Frage 4.59 Ist für Blitzschutzanlagen ein bestimmter Erdungswiderstand gefordert?

Im allgemeinen ist – bis auf Ausnahmen, z. B. für explosivstoffgefährdete Bereiche 10 Ω, – kein bestimmter Erdungswiderstand verlangt. Für Blitzschutzanlagen ohne Blitzschutz-Potentialausgleich (F 4.58) gilt jedoch

R in $\Omega \leq 5\ D$ in m,

wobei D der geringste Abstand zwischen oberirdischen Blitzschutzleitungen und größeren Metallteilen oder einer Starkstromanlage ist. Diese Mindesterdungsimpedanz soll verhindern, daß wesentliche Anteile des Blitzstromes über das Potentialausgleichssystem des Gebäudes fließen und hier Abschmelzungen zu geringer Leiterquerschnitte verursachen (F 4.56).

5 Bautechnischer Brandschutz bei der Elektroinstallation in Rettungswegen

Im Falle eines Brandes sind die Rettungswege die allerletzten Bereiche, die ausfallen dürfen. Immer wieder werden tragische Ereignisse bekannt, bei denen Menschen sich auch aus großen Höhen hinabstürzten, weil ihnen das brennende Treppenhaus den Fluchtweg abschnitt. Und niemand darf sich der Illusion hingeben, daß der Weg aus einer dritten oder vierten Etage durch ein giftig und dicht verqualmtes Treppenhaus zu schaffen sei – für den Durchtrainierten nicht, für den „Normalbürger" gar nicht, für Kinder und ältere Menschen nie (**Bild 5.1** im Anhang).

Rettungswege nehmen daher in den Bauordnungen der Bundesländer hinsichtlich des Brandschutzes eine ganz besondere Stellung ein. An kaum andere bauliche Bereiche werden derart hohe Anforderungen gerichtet. Das trifft auch für ihre elektrischen Anlagen zu. Erleichterungen gibt es nur für Treppenräume und allgemein zugängliche Flure in Gebäuden geringer Höhe und in Wohngebäuden mit nicht mehr als zwei Wohnungen.

Welche Verkehrsflächen zu den Rettungswegen gehören, ist in F 3.18 beschrieben.

Nachfolgend einige Auszüge aus der Musterbauordnung MBO [55]:
- § 27 (2) bzw. § 28 (8): Öffnungen in Wänden müssen mit feuerhemmenden (F 30-B) bzw. feuerbeständigen (F 90-AB) Abschlüssen versehen sein.
- § 28 (7): Bauteile dürfen in Brandwände nur soweit eingreifen, daß der verbleibende Wandquerschnitt feuerbeständig bleibt.
- § 29 (1): Decken sind feuerbeständig (F 90-AB), in Gebäuden geringer Höhe mit nicht mehr als zwei Wohnungen mindestens

feuerhemmend (F 30-B) herzustellen (gilt nicht für freistehende Wohngebäude mit nicht mehr als zwei Wohnungen und nicht mehr als zwei Geschossen).
- § 29 (9): Öffnungen in Decken müssen mit Abschlüssen versehen sein, deren Feuerwiderstand dem der Decke entspricht.
- § 32 (3): Wände in Treppenräumen müssen Brandwände sein, in Gebäuden geringer Höhe feuerbeständig (außer in Wohngebäuden mit nicht mehr als zwei Wohnungen). Verkleidungen, Dämmstoffe und Einbauten aus brennbaren Baustoffen sind unzulässig.
- § 33 (2): Wände in allgemein zugänglichen Fluren müssen mindestens feuerhemmend sein (in Hochhäusern feuerbeständig).
- § 33 (4): In allgemein zugänglichen Fluren sind Verkleidungen einschließlich Unterdecken und Dämmstoffe aus brennbaren Baustoffen unzulässig.
- § 37 (8): Installationsschächte und -kanäle müssen nichtbrennbar sein (keine Kunststoffkanäle; d. V.).

5.1 Niederspannungsverteiler und Installationsgeräte in Rettungswegen

Grundsatz ist, möglichst wenig Brandlast in Rettungswegen zu installieren. Nicht immer läßt sich das verwirklichen. Oft sind gerade die allgemein zugänglichen Flure oder das Treppenhaus die einzige Möglichkeit zur Leitungsführung. Und schließlich benötigt ja auch ein Rettungsweg selbst Installationen für den eigenen Betrieb, wie z. B. Beleuchtungs-, Ruf-, Warn- oder Rauch- und Wärmeabzugsanlagen.

Frage 5.1 Dürfen Verteiler in Rettungswegen untergebracht werden?

Wenn es sich nicht um bauliche Anlagen für Menschenansammlungen (DIN VDE 0108 [28]) oder Krankenhäuser (DIN VDE 0107 [27]) handelt, dürfen Hausanschlußeinrichtungen, Meßeinrichtungen und Verteiler in Rettungswegen untergebracht werden.

Gegenüber Treppenräumen und ihren Ausgängen ins Freie müssen sie mit Bauteilen der Feuerwiderstandsklasse F 30-A, gegenüber allgemein zugänglichen Fluren durch nichtbrennbare Bauteile abgetrennt werden, z. B. durch Metalltüren oder -klappen.

Frage 5.2 Warum dürfen Hauptverteiler der AV und SV nicht in den Rettungswegen aufgestellt werden?

Hauptverteiler der Allgemeinen Stromversorgung AV und der Sicherheitsstromversorgung SV sind wichtige Speisepunkte in baulichen Anlagen nach DIN VDE 0107 [27] und DIN VDE 0108 [28]. Ihre Unterbringung muß in abgeschlossenen elektrischen Betriebsräumen erfolgen, an die besondere Brandschutzforderungen gestellt werden **(Tafel 5.1)**.

Tafel 5.1 Ausgewählte Brandschutzanforderungen an Räume für Hauptverteiler
AV Allgemeine Stromversorgung; SV Sicherheitsstromversorgung

Bauteil	AV-Raum	SV-Raum
Wände und Decken	F 30-B	F 90-AB
zu Räumen erhöhter Brandgefahr	F 90-AB	
Türen	nicht brennbar	T 30
in feuerbeständigen Wänden	T 30	

Frage 5.3 Dürfen Hauptverteiler der AV und der SV in einem gemeinsamen Raum stehen?

Ja, aber nur unter folgenden Bedingungen:
– Der Raum muß die höheren baulichen Forderungen nach Tafel 5.1 an SV-Räume erfüllen (F 5.2) und
– darf keine Anlagen mit Nennspannungen über 1 kV enthalten.
– Die beiden Hauptverteiler sind voneinander lichtbogensicher zu trennen **(Bild 5.2)**.

DIN VDE 0108 Teil 1 [28] läßt daneben auch eine „getrennte Aufstellung" als Möglichkeit der lichtbogensicheren Trennung zu, ohne aber einen erforderlichen Abstand anzugeben. Diese Variante ist

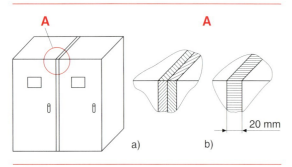

Bild 5.2 Beispiele für lichtbogensichere Trennungen
a) Seitenwände aus Stahlblech; b) Fasersilikatplatte

für Verteiler in der Schutzart IP 00 gedacht. Zu empfehlen ist in einem solchen Fall die Aufstellung an gegenüberliegenden Wänden. Vorteilhafter jedoch sind immer getrennte Räume, da Lichtbögen nicht selten mit starken Verrußungen im gesamten Raum einhergehen.

Frage 5.4 Ist es gestattet, Verteiler der Allgemeinen Stromversorgung AV und der Sicherheitsstromversorgung SV in Rettungswegen unterzubringen?

In *Sicherheitstreppenräumen* und Rettungswegen von Hochhäusern dürfen nach der Hochhausverordnung [76] keine Verteiler oder Zählerplätze installiert werden, in den Rettungswegen baulicher Anlagen für Menschenansammlungen auch nicht die Hauptverteiler der AV oder SV (DIN VDE 0107 [27] und DIN VDE 0108 [28]); (F 5.2). In Betrieben und Einrichtungen sollten Unterverteiler aber auch den fachunkundigen Betriebsangehörigen zugänglich sein. Gerade in Krankenhäusern ist es wichtig, daß das medizinische Personal Zugang zu Sicherungen hat. Deshalb kann eine Anordnung der Verteiler auch in Fluchtwegen durchaus sinnfällig sein. Voraussetzung ist natürlich, daß nach Öffnen der Tür oder Klappe immer noch die Schutzart IP 20 gewahrt ist.
Es ist somit gestattet, Unterverteiler auch in Rettungswegen – aus-

genommen in Rettungswegen von Hochhäusern – unterzubringen, wenn gem. RbALei [29] folgende Bedingungen eingehalten werden:
- Unterverteiler der AV in Treppenräumen und ihren Ausgängen ins Freie sind durch nichtbrennbare Bauteile zu schützen, z. B. durch Metallgehäuse.
- Unterverteiler der SV, aus denen Anlagen mit bauaufsichtlich gefordertem Funktionserhalt E 30 oder E 90 gespeist werden, s. auch Einleitung zu Abschnitt 5.3, müssen mit nichtbrennbaren Baustoffen umkleidet werden, die eine Feuerwiderstandsdauer von mindestens 30 bzw. 90 Minuten besitzen.
- Sie dürfen den Fluchtweg nicht unzulässig einengen **(Tafel 5.2)**.

Tafel 5.2 Beispiele für Fluchtwegbreiten in Gebäuden

Bauliche Anlage	Mindestbreite *b* in m
Geschäftshäuser, allgemein	2,00
Nebengänge	1,00
notwendige Treppen	1,25
Gaststätten, Flure	1,00
Gänge in Easträumen	0,80
Hochhäuser	1,25
Krankenhäuser, allgemein	1,50
bei liegend transp. Kranken	2,25
Versammlungsstätten, Flure	2,00
Gänge in Versammlungsräumen	1,00
bei fester Bestuhlung	0,80

- Sie müssen dem Zugriff Unbefugter entzogen sein (Schloß).
- Sie dürfen nur so weit in Wände eingreifen, daß deren Feuerwiderstand nicht beeinträchtigt wird (Restwanddicken s. F 5.7).
- Befinden sich Unterverteiler der Sicherheitsstromversorgung SV, aus denen Anlagen mit bauaufsichtlich gefordertem Funktionserhalt E 30 oder E 90 versorgt werden, in einem separaten Raum, so müssen gem. RbALei [29] Wände und Decken den Feuerwiderstand F 30 bzw. F 90 aufweisen und die Türen in mindestens T 30 ausgelegt sein.

Frage 5.5 Unter welchen Bedingungen dürfen in einem gemeinsamen Verteiler AV- und SV-Stromkreise enthalten sein?

In baulichen Anlagen für Menschenansammlungen sind nach DIN VDE 0108 Teil 1 [28] Unterverteiler der SV baulich getrennt von Anlagenteilen der AV mit eigener Umhüllung auszuführen.
Nur in Krankenhäusern dürfen nach DIN VDE 0107 [27] Verteiler für medizinisch genutzte Räume – auch der Anwendungsgruppe AG 2 – mit Verteilern für nicht medizinisch genutzte Räume oder Räume anderer Anwendungsgruppen in einem gemeinsamen Gehäuse untergebracht werden, wenn sie von diesen durch eine Zwischenwand (Blech oder Fasersilikat) getrennt sind und eigene Abdeckungen haben. Natürlich sind auch in diesem Fall getrennte Gehäuse vorteilhafter.

Frage 5.6 Ist es erlaubt, Gerätedosen in raumabschließende Wände einzusetzen? Wird dadurch die Feuerwiderstandsdauer nicht beeinträchtigt?

Die Feuerwiderstandsdauer der in DIN 4102 Teil 4 [5] klassifizierten Wände bezieht sich stets auf Wände ohne Einbauten.
Geräte- und Verteilerdosen dürfen jedoch bei *raumabschließenden Wänden* (z. B. Wände in Rettungswegen, Wohnungstrennwände und Brandwände) an beliebiger Stelle eingebaut werden. Bei einer Wand aus Mauerwerk oder Beton von einer Gesamtdicke (Mindestdicke + Bekleidungsdicke, z. B. Putz) von < 140 mm dürfen nach dieser Norm die Dosen nicht unmittelbar gegenüberliegend eingebaut werden, um die Feuerwiderstandsdauer nicht zu beeinträchtigen **(Bild 5.3)**.
Bei Wänden aus Mauerwerk, Beton oder Wandbauplatten mit einer Gesamtdicke < 60 mm sind Aufputzdosen zu verwenden.
Nach DIN 4102 Teil 4 [5] dürfen brandschutztechnisch notwendige Dämmschichten bei Wänden in Montage- oder Tafelbauart im Bereich derartiger Dosen bis auf 30 mm zusammengedrückt werden **(Bild 5.4)**.

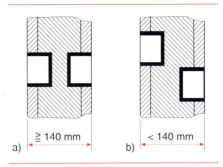

Bild 5.3 Gerätedosen in raumabschließenden Wänden (Horizontalschnitt)
a) Wanddicke ≥ 140 mm; b) Wanddicke < 140 mm

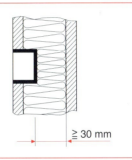

Bild 5.4 Brandschutztechnisch notwendige Dämmschichten dürfen auf 30 mm zusammengedrückt werden

Frage 5.7 Welche Restwanddicken sind erforderlich?

Werden für Verteiler o. ä. Nischen in Wänden mit feuersicherheitlichen Eigenschaften benötigt, stellt sich oft die Frage nach der mindest zu verbleibenden Restwanddicke. Wie groß diese sein muß, hängt von vielen Faktoren ab, z. B.
- von der geforderten Feuerwiderstandsklasse.,
- von der Art der Wand (tragend oder nichttragend),
- bei tragenden Wänden vom Ausnutzungsfaktor (Verhältnis zwischen vorhandener und zulässiger statischer Belastung),

- von der Bekleidung der Wand (mit/ohne Putz),
- vom Brandangriff (einseitig, beidseitig),
- vom Baustoff der Wand usw.

Bevor Nischen oder andere Aussparungen in Wände eingebracht werden, muß sich der Installateur über die aus feuersicherheitlichen Gründen notwendig verbleibende Restwanddicke im klaren sein. DIN 4102 Teil 4 [5] stellt hierzu auf über 30 Seiten u. a. auch die notwendigen Wanddicken in Abhängigkeit der o. g. Faktoren dar.

Für nichttragende, raumabschließende Wände aus einseitig geputztem Mauerwerk sind für einseitige Brandbeanspruchung beispielhaft die Wanddicken in **Tafel 5.3** wiedergegeben:

Tafel 5.3   Mindestwanddicken nichttragender, raumabschließender Wände aus Mauerwerk für ausgewählte Feuerwiderstandsklassen (Wände einseitig geputzt, einseitige Brandbeanspruchung)

Baustoff	Mindestdicke d in mm für die Feuerwiderstandsklasse		
	F 30-A	F 60-A	F 90-A
Porenbetonsteine DIN 4165	75	75	100
Betonmauersteine DIN 18153	50	70	95
Vollziegel DIN 105 Teil 1	115	115	115
Leichtlanglochziegel DIN 105 Teil 5	115	115	140
Vormauersteine DIN 106 Teil 2	70	115	115

Zu beachten ist ferner, daß für in tragende Wänden nachträglich eingebrachte Nischen die Unbedenklichkeit zur Baustatik von einer Baufachkraft bestätigt werden muß.

Frage 5.8 Was ist zu tun, wenn die Restwanddicke nicht ausreicht?

Wird durch Nischen die Wand so geschwächt, daß zwar die statische Festigkeit gesichert, ihr Feuerwiderstand aber nicht mehr gewährleistet ist, dann lassen sich klassifizierte Rückwände einsetzen, die als separate Bauteile von verschiedenen Herstellern angeboten werden. Die Dicke dieser Rückwände beträgt etwa 25 mm bei F 30-A und ca. 40 mm bei F 90-A. Im Zweifelsfall wird das immer empfohlen.

Frage 5.9 Müssen brennbare Geräteabdeckungen in die Brandlast eingerechnet werden?

Das ist im allgemeinen nicht notwendig. Da die Elektroanlage in Rettungswegen ohnehin auf ein Minimum beschränkt bleibt und die Masse brennbarer Geräteabdeckungen oft nur wenige Gramm beträgt, tragen diese Bauteile nur unbedeutend zur Brandlast bei.

Frage 5.10 Dürfen Leuchten in Unterdecken eingebaut werden?

Klassifizierte Unterdecken werden nach DIN 4102 Teil 2 [3] geprüft. Werden Einbauten, z. B. Einbauleuchten mitgeprüft, sind Angaben hierüber im Prüfzeugnis enthalten. Fehlen diese Angaben, sind Einbauten unzulässig. Ausnahmen hiervon bedürfen einer bauaufsichtlichen Zustimmung.
Das trifft auch für jene Unterdecken zu, die in DIN 4102 Teil 4, Abschnitt 6.5 [5] aufgeführt sind. Es heißt hier unmißverständlich: „Einbauten, wie z. B. Einbauleuchten, klimatechnische Geräte oder andere Bauteile, die in der Unterdecke angeordnet sind und diese aufteilen oder unterbrechen, heben die brandschutztechnische Wirkung der Unterdecken auf."
Hinzu kommt übrigens, daß – wenn im Prüfzeugnis nicht anders angegeben – Unterdecken nicht mechanisch belastet werden dürfen (F 5.19).

5.2 Die Leitungsanlage in Rettungswegen

Leitungen in Rettungswegen lassen sich nicht grundsätzlich vermeiden. Sie sollten jedoch auf ein Minimum reduziert werden. Es ist zu unterscheiden zwischen Leitungsanlagen, die für den Betrieb des Rettungsweges notwendig sind und solchen, die nur durch den Rettungsweg führen, ohne seinem Betrieb zu dienen.

Zu den ersteren gehören die für den Betrieb des Rettungsweges notwendigen Anlagen der Allgemein- und Sicherheitsbeleuchtung, elektroakustische Rufanlagen zur Alarmierung und Erteilung von Anweisungen an Besucher und Beschäftigte (ELA), Brandmeldeanlagen (BMA), Lüftungsanlagen von innenliegenden und *Sicherheitstreppenräumen* sowie Rauch- und Wärmeabzugsanlagen (RWA). Die Trassen der bauaufsichtlich geforderten Sicherheitseinrichtungen müssen Funktionserhalt besitzen und sollten im Rettungsweg verbleiben (F 5.32).

Für die Leitungsanlagen, die nicht dem Betrieb der Rettungswege dienen, besteht vielfach die Mögkichkeit, ihre Trassen durch angrenzende Räume zu führen und somit die Brandlast im Rettungsweg erheblich zu verringern.

Frage 5.11 Welche Verlegearten sind in Rettungswegen zulässig?

Tafel 5.4 gibt eine Übersicht.

Leitungen dürfen in Rettungswegen auch offen verlegt werden, wenn sie ausschließlich dem Betrieb der Rettungswege dienen (z. B. für Allgemeinbeleuchtung und Reinigungssteckdosen) oder wenn sie nichtbrennbar sind, z. B. mineralisolierte Leitungen, Stromschienensysteme oder blanke Leiter von Niedervoltbeleuchtungsanlagen soweit die Legung in Rettungswegen zulässig ist (F 4.34).

Frage 5.12 Welche Feuerwiderstandsklassen sind für Leitungsanlagen in Rettungswegen erforderlich?

Nach RbALei [29] ist für diese Leitungsanlagen grundsätzlich F 90 gefordert. Für bestimmte Rettungswege gibt es jedoch Erleichterungen **(Tafel 5.5).**

Frage 5.13 Welche Brandlast ist in Rettungswegen zulässig?

Werden die Leitungen in oder unter Putz, in Hohlraumestrichen oder Doppelböden (aufgestelltzte Fußböden) gem. RbAHD [71],

Tafel 5.4   Ausgewählte Verlegearten in Rettungswegen

Verlegeart	Anwendung
Unter Putz mit Überdeckung 4 mm bei einzelnen Leitungen 15 mm bei Leitungsbündeln	In allen Rettungswegen zulässig Keine Beschränkung der Brandlast Nicht für Funktionserhalt geeignet
In Elektro-Installationskanälen, wenn nach DIN VDE 0604 aus Metall In Stahlrohren Über nichtbrennbaren Unterdecken	In allgemein zugänglichen Fluren, Gesamtbrandlast $\leq$ 7 kWh/m^2 (halogenfrei 14 kWh/m^2) In Rettungswegen, an denen nur Wohnungen liegen (gilt nicht für Hochhäuser)
In Doppelböden In Hohlraumestrichen	In allen Rettungswegen zulässig Keine Beschränkung der Brandlast
Über Unterdecken in F 30-A In Installationsschächten und kanälen in I 30	In allgemein zugänglichen Fluren, wenn Gesamtbrandlast > 7 kWh/m^2 (halogenfrei 14 kWh/m^2) In Treppenräumen bis zu 5 Vollgeschossen Keine Beschränkung der Brandlast
Über Unterdecken in F 60-A In Installationsschächten und -kanälen in I 60	In Treppenräumen über 5 Vollgeschosse bis zur Hochhausgrenze Keine Beschränkung der Brandlast
Über Unterdecken in F 90-A In Installationsschächten und -kanälen in I 90	In Treppenräumen von Hochhäusern (über 60 m Höhe kann F 120 bzw. I 120 verlangt werden) Keine Beschränkung der Brandlast
Als Kabelanlage oder Schienensystem in E 30 ... E 90 nach DIN 4102 Teil 12 Auf Rohdecken unterhalb des Fußbodenestrichs	Für Anlagen in Funktionserhalt

über klassifizierte Unterdecken oder in klassifizierten Installationsschächten und -kanälen verlegt, gibt es keine Beschränkungen der Brandlast.

In den **horizontalen Rettungswegen** dürfen Leitungen nach RbALei [29] außerdem über nicht nach DIN 4102 klassifizierten Unterdecken oder in nicht nach DIN 4102 klassifizierten Kanälen, jeweils aus nichtbrennbaren Baustoffen mit geschlossenen Oberflächen, oder in Stahlrohren Leitungen verlegt werden, wenn

Tafel 5.5 Feuerwiderstandsklassen in Rettungswegen – Mindestforderungen

Schutz der Leitungen	Horizontale Rettungswege (allg. zugängliche Flure)	Vertikale Rettungswege (Treppenräume)
offene Legung	– nichtbrennbare Leitungen – Leitungen, die ausschließlich dem Rettungsweg dienen – Antennenleitungen[1] – 1 Fernmeldeleitung mit maximal 40 Doppeladern[1] – halogenfreie Leitungen, wenn an den Rettungswegen nicht mehr als 10 Wohnungen o. ä. Nutzungseinheiten[2] mit nicht mehr als jeweils 100 m² Grundfläche liegen[1] – Werden Leitungskanäle verwendet, müssen sie nichtbrennbar sein	
nichtbrennbare Abdeckungen[3), 5)]	– in baulichen Anlagen bis zu 2 Vollgeschossen gem. RbBH [66] – in Rettungswegen, an denen nur Wohnungen o. ä. Nutzungseinheiten[2] mit nicht mehr als jeweils 100 m² Grundfläche liegen[1]	
Abdeckungen F 30[4]	normale Leitungen > 7 kWh/m² halogenfreie Leitungen > 14 kWh/m²	bis 5 Vollgeschosse
Abdeckungen F 60[4]		> 5 Vollgeschosse bis zur Hochhausgrenze
Abdeckungen F 90[4]		Hochhäuser

1) Gilt nicht für Hochhäuser.
2) Hierzu gehören z. B. Büros und Arztpraxen
3) Hierzu gehören Unterdecke der Baustoffklasse A, Stahlblechkanäle und Stahlrohre mit jeweils geschlossenen Oberflächen, ≥ 4 mm Putz bei Einzellegung bzw. ≥ 15 mm bei Bündeln in Schlitzen.
4) Hierzu gehören klassifizierte Installationsschächte und -kanäle I 30 bis I 90, klassifizierte Unterdecken für eine Brandbeanspruchung von oben und unten F 30-A bis F 90-A, mineralische Putze wie bei[3)].
5) Es dürfen keine Geschoßdecken überbrückt werden.
Feuerwiderstandsklassen und Brandlast stehen in einem engen Zusammenhang (F 5.13).

die Gesamtbrandlast 7 kWh/m² nicht überschreitet. Bei ausschließlicher Verwendung halogenfreier Leitungen mit verbessertem Verhalten im Brandfall sind 14 kWh/m² erlaubt, wenn sich in dem Flur keine Rohrleitungen aus brennbaren Baustoffen befinden (Tafel 5.4 und Tafel 5.5).

Wird diese Brandlast überschritten, so sind nichtbrennbare klassifizierte Unterdecken oder Kanäle in einer Feuerwiderstandsdauer von mindestens 30 Minuten erforderlich. Für Unterdecken muß diese bei einer Brandbeanspruchung sowohl von oben als auch von unten gewährleistet sein (F 5.18).

In **vertikalen Rettungswegen** richten sich die Feuerwiderstandsklassen der Unterdecken oder Installationsschächte und -kanäle unabhängig von der Brandlast nach der Gebäudehöhe (bis zu 5 Geschossen: F 30, über 5 Geschosse bis zur Hochhausgrenze: F 60, Hochhäuser: F 90).

Hingewiesen wird auf die Möglichkeit, die Brandlast im Rettungsweg dadurch zu verringern, indem die Leitungen außerhalb der Rettungswege durch benachbarte Räume geführt werden. Beispielsweise können die Steigeleitungen in mehrgeschossigen Gebäuden innerhalb der Wohnungen hochgeführt werden, ohne daß sie besonders gekapselt werden müssen. Lediglich die Deckendurchbrüche sind in S 90 zu verschließen; Leitungen, an die Forderungen des Funktionserhalts gestellt sind, benötigen jedoch auch hier den Schutz in der entsprechenden Funktionserhaltsklasse.

Sollten die Elektroleitungen im Vergleich zu brennbaren Stoffen anderer Gewerke nur eine untergeordnete Rolle spielen, so ist das kein Argument dafür, auf Brandlastberechnungen zu verzichten. Letztlich trägt mit der Aufforderung der RbALei [29], die Brandlasten anderer Gewerke mit zu berücksichtigen, auch der Elektroplaner und -installateur hierfür Verantwortung, ganz gleich, in welchem Maße „seine" Installation zur Brandlast beiträgt.

Frage 5.14 Welche Vorteile haben halogenfreie Leitungen?

Halogenfreie Leitungen haben im Brandfall gegenüber PVC-isolierten Leitungen folgende Vorzüge:
- Beim Brand werden keine Halogene freigesetzt, die anderenfalls mit der Luftfeuchtigkeit aggressive und toxisch gefährliche Wasserstoffverbindungen eingehen, in Bauwerke „eindringen"

und dort permanent zerstören oder als extrem korrosive Wolken über Kunstwerke oder durch hochwertige elektronische Systeme ziehen.
- Sie sind schwerentflammbar (Baustoffklasse B 1), d. h., sie verlöschen nach Entzug der Zündquelle von selbst und tragen somit im Gegensatz zu Leitungen mit PVC- oder VPE-Isolierung, die allein weiterbrennen, zur Brandentstehung und -ausbreitung wenig bei.
- Sie sind raucharm und beeinträchtigen somit weniger die Fluchtmöglichkeiten.

Die Brandlast in Rettungswegen darf daher höher sein als bei PVC-Leitungen.

Für Bereiche mit Menschenansammlungen und hohen Sachwerten, also in Versammlungsstätten, Krankenhäusern, Heimen, Kindergärten, Schulen, Museen, Kunstgalerien usw. wird nach VdS 2025 [43] empfohlen, ausschließlich halogenfreie Leitungen einzusetzen.

Nach dieser Richtlinie sind zum Einsatz halogenfreier Leitungen Vereinbarungen mit dem Versicherer zu treffen.

Frage 5.15 Welche Leitungen dürfen in Rettungswegen offen verlegt werden?

Offen verlegt werden dürfen gem. RbALei [29]
- Leitungen, die ausschließlich dem Betrieb des Rettungsweges dienen (s. Einleitung zu Abschnitt 5.2),
- nichtbrennbare Leitungen, z. B. mineralisolierte Leitungen,
- halogenfreie Leitungen mit verbessertem Verhalten im Brandfall in solchen Rettungswegen, an denen nicht mehr als insgesamt 10 Wohnungen oder ähnliche Nutzungseinheiten mit nicht mehr als jeweils 100 m^2 Grundfläche liegen (gilt nicht für Hochhäuser!),
- Antennenleitungen (gilt nicht für Hochhäuser!),
- 1 Fernmeldeleitung mit bis zu 40 Doppeladern (gilt nicht für Hochhäuser!),

Hierbei sind allerdings einige Bedingungen zu beachten:
1. Unabhängig davon, daß in den o. g. Fällen eine offene Legung

gestattet wird, ist für eine ganze Reihe von Leitungsanlagen Funktionserhalt zu gewährleisten, z. B. für BMA, ELA oder Lüftungsanlagen für Sicherheits- und innenliegende Treppenräume (s. Abschnitt 5.3).

2. Wenn offen verlegte Leitungen – etwa aus Gründen der Ansichtsgüte – in Führungskanälen untergebracht werden sollen, müssen diese Kanäle nichtbrennbar sein.

Frage 5.16 Was ist beim Verlegen von Leitungen unter Putz zu beachten?

Aus Brandereignissen ist bekannt, daß sich in oder unter Putz verlegte Leitungen am Brand nur wenig oder gar nicht beteiligen. Voraussetzung dafür sind eine ausreichende Putzhaftung (die Baufachleute kennen hierzu DIN 18550 Teil 2) und eine Mindestüberdeckung von mindestens

- 4 mm bei einzeln verlegten Leitungen (DIN VDE 0100 Teil 520 [17]) bzw.
- 15 mm bei Leitungsbündeln in Schlitzen (RbALei [29]).

Eine Putzüberdeckung von $\geq$ 15 mm ist im allgemeinen nur zu erreichen, wenn die Wände geschlitzt werden. Bei Betonwänden müssen solche Schlitze vorgegeben sein, bei Wänden aus Rezeptmauerwerk nach DIN 1053 [68] werden sie oft nachträglich hergestellt. Um die baustatischen Eigenschaften der Wände nicht zu beeinträchtigen, sind einige Regeln zu beachten. In tragenden Wänden aus Rezeptmauerwerk sind z. B. nachträglich hergestellte Schlitze und Aussparungen ohne Nachweis nur unter folgenden Bedingungen zulässig:

- Vertikale Schlitze und Aussparungen dürfen, bezogen auf 1 m Wandlänge, zu einer Querschnittsschwächung von nicht mehr als 6 % führen. Von Öffnungen müssen sie mindestens 115 mm entfernt sein.
- Horizontale und schräge Schlitze sind nur zulässig in einem Bereich von $\leq$ 0,4 m ober- oder unterhalb der Rohdecke sowie jeweils an nur einer Wandseite. Sie sind nicht zulässig in Wänden aus Langlochziegeln.

Tafel 5.6 Ohne Nachweis zulässige Schlitze und Aussparungen in tragenden Wänden aus Rezeptmauerwerk nach DIN 1053 Teil 1 [68]

Wanddicke	Horizontale und schräge Schlitze		Vertikale Schlitze Aussparungen	
	Schlitzlänge			
d in mm	unbeschränkt Tiefe t in mm[1]	≤ 1,25 m lang Tiefe t in mm[2]	Tiefe t in mm[3]	Einzelschlitzbreite b in mm
≥ 115	–	–	≤ 10	≤ 100
≥ 175	–	≤ 25	≤ 30	≤ 100
≥ 240	≤ 15	≤ 25	≤ 30	≤ 150
≥ 300	≤ 20	≤ 30	≤ 30	≤ 200
≥ 365	≤ 20	≤ 30	≤ 30	≤ 200

1) Die Tiefe darf um 10 mm erhöht werden, wenn Werkzeuge Verwendung finden, mit denen die Tiefe genau eingehalten werden kann. In diesem Fall dürfen auch in Wänden ≥ 240 mm gegenüberliegende Schlitze mit jeweils 10 mm Tiefe hergestellt werden.

2) Mindestabstand in Längsrichtung von Öffnungen ≥ 490 mm, vom nächsten Horizontalschlitz zweifache Schlitzlänge

3) Schlitze, die höchstens 1 m über den Fußboden reichen, dürfen bei Wanddicken ≥ 240 mm mit einer Tiefe bis 80 mm und einer Breite bis 120 mm hergestellt werden.

Weitere wichtige Maße sind in **Tafel 5.6** enthalten.

Beachte: Putzüberdeckung gewährleistet nur Feuerwiderstand, nicht aber Funktionserhalt!

Hingewiesen wird auch auf VDE 0100 Teil 520 [17], wonach in und unter Putz verlegte Leitungen nur senkrecht, waagerecht oder parallel zu Raumkanten zu führen sind (an Decken ist der kürzeste Weg erlaubt).

Frage 5.17 Wie sind Installationsschächte und -kanäle in Rettungswegen auszuführen?

– Installationsschächte und -kanäle in Rettungswegen müssen nach RbBH [66], RbALei [29] und den Bauordnungen der Bundesländer nichtbrennbar sein.

– In Treppenräumen sind, abhängig von der Gebäudehöhe, klassifizierte Installationsschächte oder -kanäle erforderlich (Ausnahmen s. Tafel 5.4).

- Installationsschächte, für die der Nachweis einer Feuerwiderstandsdauer durch Prüfung nach DIN 4102 Teil 11 [9] nur für nichtbrennbare Installationen oder nur für Elektroinstallationen geführt ist, sind auf ihrem gesamten Verlauf oder an ihren Revisionsöffnungen zu kennzeichnen. Die Art der Kennzeichnung ist dem Prüfzeugnis zu entnehmen (Ländererlasse zur Einführung der DIN 4102 Teil 11 als Technische Baubestimmung, mit der die meisten Länder den für die E-Anlagen wichtigen Punkt 9 der RbBH [66] ersetzt haben).
- Die Befestigung der klassifizierten Installationsschächte und -kanäle ist im Prüfzeugnis beschrieben.

  Im allgemeinen muß der Befestigungsabstand $\leq$ 1,5 m sein. Aufhängungen müssen aus Stahl bestehen und eine Mindestdicke von 1,5 mm aufweisen. Die Zugspannung in allen senkrechten Teilen darf bei I 30 nicht größer als 9 N/mm^2, bei I 90 nicht größer als 6 N/mm^2, die Scherspannung in Schrauben nicht mehr als 15 N/mm^2 bzw. 10 N/mm^2 betragen.

  Dübel für die Befestigung an Stahlbetonteilen müssen in Art und Belastung dem Prüfzeugnis entsprechen. Dübel ohne einen brandschutztechnischen Eignungsnachweis müssen aus Stahl mindestens der Größe M 8 bestehen und doppelt so tief wie im Zulassungsbescheid gefordert – mindestens jedoch 60 mm tief – eingesetzt werden. Sie dürfen mit höchstens 500 N auf Zug beansprucht werden.
- Eine Schottung innerhalb klassifizierter Installationskanäle ist im Wandbereich nicht nötig, wenn die Feuerwiderstandsklasse des Kanals nicht kleiner ist als die der Wand/Decke; die Prüfungen werden in der Regel ohne Schottungen durchgeführt. Ausnahmen sind im Prüfzeugnis angegeben.

  Enden die Kanäle an *raumabschließenden* Wänden und werden jenseits davon weitergeführt, so ist der Durchbruch nach (F 5.23) in der jeweiligen Feuerwiderstandsklasse der Wand zu schließen (F 4.13).
- Bei Installationsschächten gilt die gleiche Regelung. Es wird jedoch dringend angeraten, im Verlauf vertikaler Installationsschächte – z. B. im Bereich der Deckendurchführungen – Mine-

ralwollverschlüsse von etwa 20 cm Dicke vorzusehen. Damit wird eine ungehinderte Brandausbreitung im Schacht erschwert oder gar vermieden. Wenn besondere Schottungen vorgeschrieben sind, ist das im Zulassungsbescheid angegeben (F 4.13) und (F 5.22).

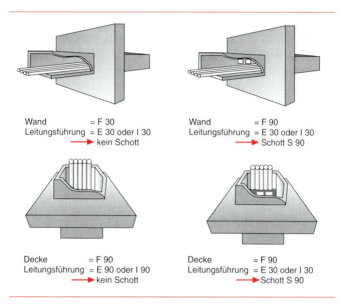

Bild 5.5   Durchbruch von Brandschutzwänden und -decken
[TEHALIT Heltersberg]

Frage 5.18 Welche Arten von Unterdecken gibt es, welche Anforderungen werden an sie gestellt?

Aus der Vielzahl von Unterdecken werden an dieser Stelle nur die genannt, die für Elektro-Installationen in Rettungswegen wichtig sind. Unterschieden werden
- brennbare Unterdecken (Baustoffklasse B),
- nichtbrennbare Unterdecken (Baustoffklasse A),
- nach DIN 4102 Teil 2 [3] klassifizierte Unterdecken (F 30-A bis F 120-A).

Brennbare Unterdecken (B 1) dürfen nur in Rettungswegen von Gebäuden geringer Höhe (F 3.17) eingesetzt werden und auch nur dann, wenn über ihnen keine oder ausschließlich Leitungen verlegt sind, die dem Betrieb des Rettungsweges dienen.
In allen anderen Fällen ist die Verwendung brennbarer Unterdecken nicht zulässig (MBO § 33 (4) [55], RbALei [29]).

Nichtbrennbare Unterdecken (A 1 oder A 2) dürfen eingesetzt werden

- in Rettungswegen, an denen nur Wohnungen oder vergleichbare Nutzungseinheiten mit jeweils höchstens 100 m^2 Grundfläche liegen (ausgenommen Hochhäuser),
- in allgemein zugänglichen Fluren (horizontale Rettungswege), wenn die Gesamtbrandlast nicht größer ist als 7 kWh/m^2, bei ausschließlicher Verwendung halogenfreier Leitungen mit verbessertem Verhalten im Brandfall nicht größer als 14 kWh/m^2, wenn sich im Flur keine Rohrleitungen aus brennbaren Baustoffen befinden.

Klassifizierte Unterdecken sind einzusetzen, wenn die vorstehenden beiden Arten von Unterdecken nicht zutreffen, und zwar mit der Feuerwiderstandsklasse

- F 30-A in allgemein zugänglichen Fluren (horizontale Rettungswege),
- F 30-A bis F 90-A in Treppenräumen (vertikale Rettungswege). Bei Hochhäusern > 60 m Höhe kann F 120-A verlangt werden (F 5.11).

Die Angaben des Prüfzeugnisses sind zu beachten (Befestigung, Möglichkeit oder Verbot der Montage von Einbauleuchten usw.). Die Unterdecken müssen einer Brandbeanspruchung sowohl von oben als auch von unten standhalten.

Frage 5.19 Wie ist der Zwischendeckenbereich zu gestalten?

Sollen im Zwischendeckenbereich Elektro-Installationen untergebracht werden, ist es für den Installateur unerläßlich, den Prüfbescheid einzusehen. Die Nummer des Prüfbescheids ist auf den Deckenelementen vermerkt.

- Wird der Rettungsweg zur Kabel- oder Leitungsführung genutzt, so sind zwei Trassen an den jeweils gegenüberliegenden Wänden vorteilhaft. Einerseits ist damit die geforderte Trennung von Leitungssystemen, z. B. der Allgemeinen und der Sicherheitsstromversorgung auf einfache Weise möglich (F 4.23), andererseits kommt das einer möglichst gleichmäßigen Verteilung der Brandlast entgegen (DIN 4102 Teil 2 [3]) (s. **Bild 5.6**).

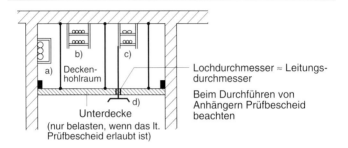

Bild 5.6   Installation im Zwischendeckenbereich in Rettungswegen
   a), b), c) Trassen für verschiedene Leitungssysteme, z. B. AV, SV, Fernmeldeleitungen, Funktionserhalt
   Befestigung nur mit nichtbrennbaren Mitteln und nicht auf der Unterdecke.
   d) Befestigung von Leuchten einschließlich Leitungszuführungen.

- Leitungen dürfen mit ihrem Gewicht die Unterdecke nicht belasten, d. h., sie müssen an der Rohdecke oder an den Wänden mit nichtbrennbaren Bauteilen befestigt werden (DIN 4102 Teil 4 [5]). Leitungsanlagen mit Funktionserhalt benötigen geprüfte und zugelassene Befestigungen (F 5.31).
- Die Klassifizierung der Unterdecke (s. Prüfbescheid) geht nicht verloren, wenn durch die Unterdecke Abhängungen, z. B. für Leuchten, durchgeführt werden und der Durchführungsquerschnitt für den Abhänger nicht wesentlich größer als der Abhängerquerschnitt ist (DIN 4102 Teil 4 [5]).
Bei Unterdecken, die bei Brandbeanspruchung von unten allein einer Feuerwiderstandsklasse angehören (s. Prüfbescheid), ist die Durchführung von Abhängern nur erlaubt, wenn durch eine

Prüfung nach DIN 4102 Teil 2 [3] nachgewiesen ist, daß eine Temperaturerhöhung durch Wärmeleitung in den Zwischendeckenbereich ausgeschlossen ist (DIN 4102 Teil 4 [5]).
- Bohrungen für Leitungsauslässe aus der Unterdecke beeinträchtigen deren Feuerwiderstand nicht, wenn Leitungs- und Lochdurchmesser sich nicht wesentlich unterscheiden.

Frage 5.20 Dürfen Leitungen auch in Fußbodenkanälen von Rettungswegen verlegt werden?

Die Unterfluranordnung von Leitungen in *Hohlraumestrichen* von Rettungswegen ist nach RbAHD [71] gestattet. Die Estriche müssen aus nichtbrennbaren Baustoffen (Klasse A) bestehen. Die Hohlraumhöhe darf jedoch 20 cm nicht überschreiten. Nach RbALei [29] ist mit dieser Verlegeart auch Funktionserhalt E 90 gegeben.

Raumabschließende Wände, für die eine Feuerwiderstandsdauer vorgeschrieben ist, z. B. Brandwände, Wände von Rettungswegen, Wände zu anderen Nutzungseinheiten, sind nach **Bild 5.7** von der Rohdecke (= Fußboden des Hohlraumestrichs) hochzuführen.

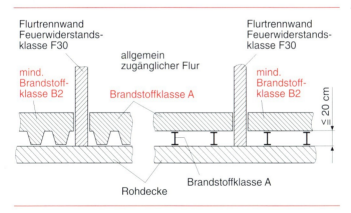

Bild 5.7   Ausführung von Hohlraumestrichen
Öffnungen für Nachbelegungen oder für Revisionen müssen dichtschließend und nichtbrennbar verschlossen werden.

Mit Ausnahme von Brandwänden und Treppenraumwänden dürfen andere raumabschließende Wände auf die Abdeckung des Hohlraumestrichs gestellt werden, wenn
- sie zusammen mit seiner Abdeckung auf die erforderliche Feuerwiderstandsklasse geprüft sind oder
- die Abdeckungen aus einem fugenlosen mineralischen Estrich bestehen oder
- die Abdeckungen bei einer Brandbeanspruchung von unten mindestens der Feuerwiderstandsklasse F 30 entsprechen oder
- es sich um Wände allgemein zugänglicher Flure innerhalb einer Nutzungseinheit handelt.

Verwendet werden dürfen ebenfalls Kanäle nach DIN VDE 0634 für die Unterflurinstallation. Die Abdeckung dieser Kanäle und der o. g. Hohlraumestriche muß mit nichtbrennbaren Baustoffen erfolgen (außerhalb von Rettungswegen sind Abdeckungen in der Baustoffklasse B2 gestattet). Öffnungen zur Nachbelegung oder für Revisionen müssen dichtschließend und nichtbrennbar verschlossen werden. Werden die Kanäle und Hohlraumestriche auch zur Raumlüftung genutzt, so müssen in diesen Hohlräumen angeordnete Brandmelder (1 Melder je 70 m^2 Hohlraumgrundfläche, bei EDVA nach VdS 2095 auch enger) die Lüftungsanlage im Brandfall unverzüglich abschalten. Öffnungen und Luftauslässe sind im Bereich von Rettungswegen nicht zulässig.

Frage 5.21 Welche Forderungen bestehen an Doppelböden ?

In Doppelböden lassen sich vorteilhaft elektrische Leitungen unterbringen. Anwendungsbeschränkungen bestehen nach RbAHD [71] nicht, wenn die tragende Konstruktion (Ständer, Rahmen) der Feuerwiderstandsklasse F 30 entspricht und eine Schmelztemperatur > 700°C besitzt sowie die Bodenplatten in den wesentlichen Teilen aus nichtbrennbaren Baustoffen bestehen und eine Feuerwiderstandsdauer von 30 min (F 30-AB) bei einer Brandbeanspruchung von unten aufweisen. An die Konstruktionsteile der Doppelböden werden in Abhängigkeit von der Hohlraumhöhe verschiedene Anforderungen gestellt (**Tafel 5.7**).

Tafel 5.7   Brandschutztechnische Anforderungen an Bauteile für Doppelböden

Hohlraum- höhe h in cm	In Rettungswegen trag. Konstr.	Bodenplatten	Außerhalb v. Rettungswegen trag. Konstr.	Bodenplatten
≤20	F 30	A	A, ($\vartheta_S \geq 700°C$)	B 2
>20 ... 40	F 30	F 30-AB	A, ($\vartheta_S \geq 700°C$)	B 1
>40	F 30	F 30-AB	F 30	F 30-AB

A Baustoffklasse nichtbrennbar; B 1 Baustoffklasse schwerentflammbar; B 2 Baustoffklasse normalentflammbar; F 30 Feuerwiderstandsdauer 30 min; F 30-AB Feuerwiderstandsdauer 30 min, in den wesentlichen Teilen nichtbrennbar; ϑ_S Schmelztemperatur

Raumabschließende Wände, für die eine Feuerwiderstandsklasse vorgeschrieben ist, wie Treppenraumwände, Wände allgemein zugänglicher Flure, Wände zu anderen Nutzungseinheiten und Brandwände, sind von der Rohdecke (= Fußboden des Doppelbodens) aus hochzuführen. Leitungen dürfen im Hohlraumbereich durch diese Wände nur hindurchgeführt werden, wenn die Übertragung von Feuer und Rauch ausgeschlossen ist. Hierzu sind in der Regel geprüfte Kabelschottungen nach DIN 4102 Teil 9 [8] erforderlich. Bei Wänden allgemein zugänglicher Flure innerhalb der gleichen Nutzungseinheit ist das nicht erforderlich. Diese Wände, mit Ausnahme von Treppenhaus- und von Brandwänden, dürfen von der Bodenplatte aus hochgeführt werden, wenn sie zusammen mit der Tragkonstruktion auf die für diese Wände geforderte Feuerwiderstandsklasse geprüft sind. Unter diesen Wänden ist nur dann eine geprüfte Abschottung erforderlich, wenn es sich nicht um Wände allgemein zugänglicher Flure innerhalb einer Nutzungseinheit handelt. **Bild 5.8** zeigt zwei Beispiele zur Ausführung von Doppelböden.

Werden die Hohlräume gleichzeitig zur Raumlüftung genutzt, so gelten die diesbezüglichen Anforderungen aus F 5.20.

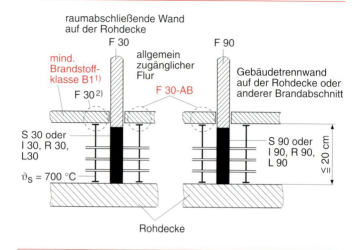

Bild 5.8 Zwei Beispiele zur Ausführung von Doppelböden.
Flurtrennwände allgemein zugänglicher Flure innerhalb der gleichen Nutzungseinheit dürfen von der Bodenplatte hochgeführt werden, wenn sie zusammen mit der Tragkonstruktion auf die dafür geforderte Feuerwiderstandsklasse geprüft sind.
1) Ständer dann aus nichtbrennbaren Stoffen mit Schmelztemperatur $\geq 700\,°C$
2) nur hinsichtlich der Tragfähigkeit (kein Raumabschluß erforderlich)

Frage 5.22 Welche Leitungsdurchführungen müssen verschlossen werden?

Mit dem Verschließen von Leitungsdurchbrüchen wird die Übertragung von Feuer und Rauch in andere Bereiche verhindert. Aber nicht jeder Durchbruch muß verschlossen werden.
– Innerhalb abgeschlossener Nutzungseinheiten, z. B. Wohnungen oder Bereichen des gleichen Brandabschnitts, wird diese Maßnahme nicht verlangt. Erstrecken sich die Nutzungseinheiten oder Brandabschnitte über mehrere Geschosse, muß im Bereich der Geschoßdecken jedoch immer abgeschottet werden (s.u.).

- In Gebäuden geringer Höhe sind diese Abschlüsse – außer in Bremen [70] – ebenfalls nicht gefordert.
- In allen anderen Fällen sind Leitungsdurchbrüche im Bereich von Decken und Wänden, an die feuersicherheitliche Ansprüche gestellt werden, z. B. Brandwände Treppenraumwände, Geschoßdecken, Wände in Rettungswegen usw., mit nichtbrennbaren Baustoffen in einer solchen Weise zu verschließen, daß die Feuerwiderstandsklasse der jeweiligen Wand/Decke erhalten bleibt.

Frage 5.23 Wie werden Durchbrüche vorschriftsmäßig verschlossen ?

Müssen Durchbrüche verschlossen werden (F 5.22), so bieten sich folgende Varianten an:

a) Einzelne oder vereinzelte Leitungen

Der Durchbruch wird mit Mörtel, Beton oder Mineralfasern mit einer Schmelztemperatur von mindestens 1000°C (nicht Glaswolle!) möglichst in voller Wand-/Deckenstärke verschlossen. Bei vereinzelt durchgeführten Leitungen muß deren Abstand untereinander sowie zum Durchbruchrand so groß sein, daß nach den Regeln des Bauhandwerks ein vollständiges Verschließen möglich ist.

b) Leitungsbündel

Infolge der Zwickelbildung bei Leitungsbündeln ist ein Verschluß nach a) nicht durchbrandsicher. In diesem Fall sind geprüfte und zugelassene Kabelabschottungen nach DIN 4102 Teil 9 [8] in der Feuerwiderstandsklasse S... erforderlich, die mindestens der Feuerwiderstandsklasse der jeweiligen Wand/Decke entspricht.

Frage 5.24 Kann eine Kabelabschottung auch mit eigenen Mittel hergestellt werden ?

Die Bauordnung macht dazu keine konkreten Angaben außer der Forderung, Feuer und andere Brandauswirkungen für eine bestimmte Zeit zu begrenzen. In der Praxis wird jedoch der Nachweis der Wirksamkeit in Form von Prüfzeugnis und Zulassungsbescheid von der Bauaufsichtsbehörde, vom Amt für Brand- und Katastrophenschutz, von Prüforganen oder vom Auftraggeber verlangt. Bei Selbstbau- Abschottungen trägt der Errichter die Verantwortung und damit das Haftungsrisiko.

Frage 5.25 Welche Arten von Kabelabschottungen sind möglich ?

Für alle Anforderungen werden vorgefertigte und geprüfte Abschottungen angeboten.

Fertigteil-Schott

In einem festen Rahmen sind Quader verschiedener Größe verspannt, die je nach Leitungsdurchmesser entfernt werden können. Einbau in Wände und Decken (**Bild 5.9 a** [84]).

Mörtel-Schott / Kitt-Schott

Leitungen werden im gesamten Schottbereich mit einem Brandschutz- Mörtel/Kitt umhüllt. Zusätzlich mit eingelegte Teile werden bei Nachinstallation entfernt. Bei größeren Öffnungen kann die nicht für Leitungen genutzte Rest- Öffnung mit großformatigen Brandschutzkissen oder beschichteten Mineralglasfaserplatten gefüllt werden (**Bilder 5.9 b** [85] **und c** [43]).

Weichschott

In die Öffnung werden Mineralglasfaserplatten gestellt, die mit einer Brandschutzbeschichtung versehen sind. Je nach Abschottungssystem müssen die durch das Schott führenden Leitungen auf beiden Seiten in einer Länge von 200 mm - 500 mm mit einer dämmschichtbildenden Masse beschichtet werden (**Bild 5.9 d** [43]).

Sandtasse / Sandkasten

Gehäuse aus Stahlblech, das nach der Leitungsbelegung mit feinem Sand verfüllt wird. Diese Abschottungen können nicht für Deckendurchgänge verwendet werden (**Bild 5.9 e** [43]).

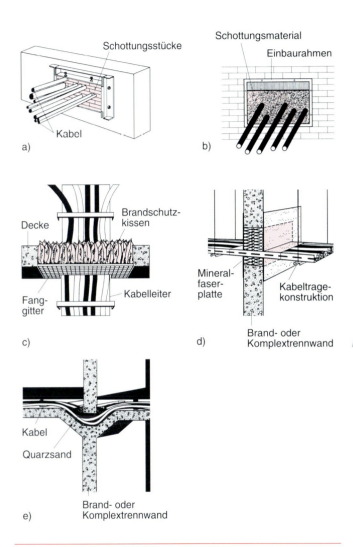

Bild 5.9 Ausgewählte Beispiele für Kabelabschottungen
a) Wanddurchbruch mit Abschottungssystem; b) Kabelschottungssystem; c) Brandschutzkissen; d) Plattenschott; e) Sandtasse

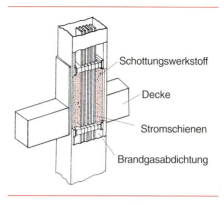

Bild 5.10   Abschottung eines Stromschienensystems [84]

Frage 5.26 Müssen Stromschienen, die Brandabschnitte überschreiten, abgeschotttet werden?

Ja, auch für Stromschienensysteme sind Vorkehrungen gegen Brandfortleitung notwendig. Es werden spezielle Abschottungen dafür angeboten. Eine andere Lösung ist das Verkleiden mit feuerwiderstandsfähigen Platten oder das Führen der Stromschienen in einem geschützten Schacht **(Bild 5.10)**.

Frage 5.27 Sind Nachinstallationen von Leitungen im Schottbereich möglich?

Für die meisten Mörtel / Kitt-Schottungen bestehen Nachinstallationsmöglichkeiten durch Herausdrücken von Reservekeilen, die beim Schottaufbau mit eingebaut wurden. Nach dem Hindurchführen der Leitung ist die verbleibende Restöffnung zu verschließen. Bewährt hat sich zu diesem Zweck Brandschutzkitt in Kartuschen. Bei Fertigteilschottungen werden einzelne Elemente herausgenommen bzw. ausgetauscht. In den Zulassungsbescheiden wird die Nachinstallation genau beschrieben **(Bild 5.11)**.

OBO Brandschutz

HSM Hartschott S 120

schweres Kabeltragsystem E 90

BAK Fertigteilschott S 90

leichtes Kabeltragsystem E 90

Kabel-Brandabschottung und Funktionserhalt: die kompletten Sicherheitssysteme für den Elektroinstallateur

FBA Flex. Brandabsch. S 90

Einzelverlegesystem E 90

FBA Masse

Leichtschellen E 90

FSK Feuerschutzkissen

FSB Flammschutzbeschichtung

OBO **BETTERMANN**   Tel. (02373) 89-0
Fax (02373) 89-238

Kabelabschottung S90 nach DIN 4102, Teil 9

Kompakte Systemlösungen mit der Möglichkeit zur problemlosen Nachinstallation.

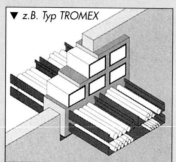

▼ z.B. Typ TROMEX

Montagevarianten je nach Anforderung mit Brandschutzmörtel, -Kitt und Brandschutzkissen

Unsere Brandschutz-Fachleute beliefern und beraten auch beim Einbau!

Brandschutz-Technik
SystemStaudt

Auweg 3 • 74861 Neudenau
Telefon (0 62 64) 92 02-0
Fax (0 62 64) 92 02-16

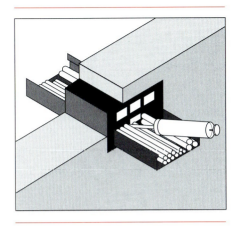

*Bild 5.11   Verschließen von Restöffnungen mit Brandschutzkitt
[STAUDT]*

Frage 5.28 Dürfen Elektroinstallationskanäle nach DIN VDE 0604 durch Brandwände geführt werden ?

Elektroinstallationskanäle dürfen durch Brandwände hindurchgeführt werden, wenn sie mit einer entsprechenden Brandschottung geschützt werden. Der Kanalinnenraum wird mit einem Brandschutzkitt ausgefüllt, in den die Leitungen eingebettet werden. Die Öffnung zum Bauteil Wand wird mit Gips / Mörtel u.s.w. verschlossen **(Bild 5.12 [85])**.

Frage 5.29 Müssen Durchbrüche in Altbauten ebenfalls verschlossen werden ?

Ja. Allerdings ist es für die Elektrofachkraft schwierig, die Feuerwiderstandsklasse der oft aus Holzbohlen bestehenden oder mit Schilfbekleidung versehenen Decken zu erkennen, um das geeignete Schott auswählen zu können. Aber prinzipiell gehören auch Bauteile aus Holz einer Feuerwiderstandsklasse an. Kann auch eine Baufachkraft hier nicht weiterhelfen, ist für Leitungsbündel in

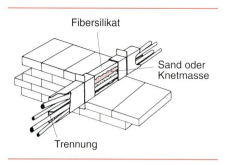

Bild 5.12 Abschottung in Elektroinstallationskanälen nach DIN VDE 0604 [84]

Deckenbereichen eine zugelassene Kabelabschottung S 90 zu setzen. Das ist – bis auf Bauten in Bremen – nicht notwendig in Gebäuden geringer Höhe. Verbleibende Lochquerschnitte bei einzeln durchgeführten Leitungen werden in Anlehnung an DIN 4102 Teil 4, Abschnitt 5.3 [5] vollständig mit Gips, Mörtel oder Beton verschlossen.

Frage 5.30 Wie werden Kabelabschottungen gekennzeichnet ?

Neben den Kabelabschottungen ist ein Schild anzubringen, das die Angaben analog **Bild 5.16** (F 5.39) enthält. Dem Auftraggeber ist eine Werksbescheinigung analog **Bild 5.17** (F 5.39) zu übergeben.

5.3 Funktionserhalt

Anlagen für Sicherheitszwecke müssen über eine vorgegebene Zeit auch im Falle eines Brandes funktionsfähig bleiben. Nach RbALei [29] sind
– für eine Dauer von 30 min (E 30) Brandmeldeanlagen (BMA), Anlagen zur Alarmierung und Erteilung von Anweisungen an Besucher und Beschäftigte (ELA), Sicherheitsbeleuchtungsanlagen und Personenaufzugsanlagen mit Evakuierungsschaltung sowie
– für eine Dauer von 90 min (E 90) Druckerhöhungsanlagen für die Löschwasserversorgung, Anlagen zur Abführung von Rauch und

Wärme im Brandfall (RWA) und Feuerwehraufzüge sowie notwendige Bettenaufzüge funktionstüchtig zu halten.

Auch andere Bestimmungen fordern Funktionserhalt. So ist z. B. für die Zuleitungskabel der Gebäudehauptverteilungen für die Sicherheitsstromversorgung in Krankenhäusern nach DIN VDE 0107 [27] und in baulichen Anlagen für Menschenansammlungen nach DIN VDE 0108 Teil 1 [28] ein Funktionserhalt von 90 min vorgeschrieben; ebenso für eine der beiden Zuleitungen zu den Verteilungen für Räume der Anwendungsgruppe 2 in medizinischen Einrichtungen.

Frage 5.31 Mit welchen Verlegearten wird der Funktionserhalt von Leitungsanlagen erreicht ?

Für Leitungsanlagen gelten nach RbALei [29] die Maßnahmen des Funktionserhalts als erfüllt, wenn
- Kabelanlagen der Funktionserhaltsklassen E 30 bis E 90 nach DIN 4102 Teil 12 [10] verwendet oder
- die Leitungen/Kabel auf den Rohdecken unterhalb des Fußbodenestrichs (E 90) verlegt

werden (F 3.7).

Eine Verlegung der Leitungen in oder unter Putz sichert nicht deren Funktionserhalt.

Auch halogenfreie Leitungen mit verbessertem Verhalten im Brandfall gewährleisten allein den Funktionserhalt ohne weitere Maßnahmen nicht!

Bei der Verlegung auf der Rohdecke unterhalb des Fußbodenestrichs müssen Leitungen mit gefordertem Funktionserhalt von anderen Leitungen sicher getrennt sein (z. B. eigene Hohlräume oder mit Beton aufgefüllte Zwischenräume von mindestens einem Kabeldurchmesser). Bei der Anwendung von Kabelanlagen nach DIN 4102 Teil 12 ist zu beachten, daß der Funktionserhalt nicht von einzelnen Bauteilen abhängt, sondern stets die Eigenschaft eines ganzen Systems ist, z. B. Kabel + Befestigung. **Bild 5.13** zeigt eine beispielhafte Zuordnung.

a) **Verlegart:Kabelleiter**
   Stützweite max. 1,25 m
   max. Kabelgewicht 20 kg/m je Liter

   Hängestielmontage   Wandmontage

b) **Verlegart:Kabelrinnen**
   Stützweite max. 1,25 m
   max. Kabelgewicht 10 kg/m je Rinne

   Hängestielmontage   Wandmontage   Deckenmontage
                        mit TKS

c) **Verlegart:Bügelschellen mit 1 Kabel (Einzelverlegung)**
   für Ankerschiene EN 50 024 C 30
   NIEDAX Modell-Nr. 2970/2 SL

   mit Langwanne   ohne Langwanne   Einzelverlegung

Einzelverlegung
im Register

Bild 5.13 Ausgewählte Kabelverlegearten [NIEDAX Linz]
Bei Verwendung eines Kabels (N) HXCH E30 (DÄTWYLER Hattersheim) werden folgende Funktionserhaltsklassen erreicht: bei Verlegeart a) E 30; bei Verlegeart b) E 60; bei Verlegeart c) mit Langwanne E 90

DIN 4102 Teil 12 [10] unterscheidet die Funktionserhaltsklassen E 30 bis E 90 und beschreibt die dafür erforderlichen Maßnahmen für elektrische Kabelanlagen. Der Funktionserhalt von **Kabelanlagen** kann erreicht werden durch klassifizierte Kanäle und Schächte, Beschichtungen und Bekleidungen sowie durch Kabel- und Schienensysteme mit integriertem Funktionserhalt. Ihr Funktionserhalt muß stets durch ein Prüfzeugnis nachgewiesen sein.

Diesem Prüfzeugnis können wichtige Angaben für die Planung, die Montage und den Betrieb der Kabelanlage entnommen werden, z. B. die Beschreibung der Tragekonstruktion (Art, Befestigung, Dübel, Abstände, zulässige mechanische Belastung), Ausführung von Kanalstoßfugen, evtl. notwendige dämmschichtbildende Beschichtungen, Kabeltemperaturen zum Klassifizierungszeitpunkt u.a. Abweichungen davon können verheerende Folgen haben (**Bild 5.14** im Anhang).

Die mögliche Funktionsbeeinträchtigung infolge temperaturbedingter Widerstandserhöhungen wird nicht mitgeprüft, sondern muß vom Planer eingerechnet werden (F 5.34).

Frage 5.32 Für welche Anlagen ist Funktionserhalt zu gewährleisten ?

Gebäudehauptverteilungen der Sicherheitsstromversorgung SV
Ihre Zuleitungen werden nach DIN VDE 0107 [27] und DIN VDE 0108 Teil 1 [28] in E 30 verlegt. Im Erdreich ist ein Abstand zu den Kabeln der Allgemeinen Stromversorgung von mindestens 2 m einzuhalten.

Sicherheitsbeleuchtung
Nach RbALei [29] ist E 30 auch in Endstromkreisen gefordert. Ausgenommen sind die Leitungen in den Räumen, an die die Sicherheitsleuchten dieser Räume selbst angeschlossen und soweit die Leitungen in diesen Räumen nicht gebündelt verlegt sind. (Die bisherige Ausklammerung der Endstromkreise, d.h. der Leitungsanlage zwischen der letzten Verteilung und den Sicherheitsleuchten, war insofern mangelhaft, als bei einer in der Praxis häufig vorkommenden gebündelten Verlegung der Endstromkreisleitungen im

Falle eines Brandes ein totaler Ausfall der Sicherheitsbeleuchtung in einem größeren Gebäudeabschnitt möglich war. Außerdem führte diese Regelung dazu, auf Unterverteilungen gänzlich zu verzichten und nur noch Endstromkreise zu installieren).

Brandmeldeanlagen BMA

Nach RbALei [29] ist Funktionserhalt nicht erforderlich für Leitungsanlagen der BMA in Räumen, die durch automatische Brandmelder überwacht werden. Dabei wird davon ausgegangen, daß im Brandfall einer dieser Melder bereits angesprochen hat, bevor die zugehörige Melderleitung durch Brandeinwirkung ausfällt.

Bis hin zu den Räumen ist jedoch E 30 zu gewährleisten. Auch die Leitungen in Bereichen, die nur mit nichtautomatischen Meldern (Handmelder) ausgerüstet sind, müssen bis hin zu den Meldern in E 30 verlegt werden. Auch die Übertragungsleitung von der Brandmeldezentrale zur Feuerwehr (Standleitung) muß, soweit sie innerhalb von Gebäuden verlegt ist, E 30 gewährleisten. Besitzt die Brandmeldezentrale ausnahmsweise keine interne Batterie für die Versorgung bei Netzausfall, so muß die Netzzuleitung in E 30 verlegt werden.

Elektroakustische Rufanlagen (ELA)

Nach RbALei [29] ist für die Leitungen in Räumen, an die die Informationseinrichtungen (Lautsprecher, Hupen) dieser Räume selbst angeschlossen sind, Funktionserhalt nicht gefordert, soweit die Leitungen nicht gebündelt werden. Bis hin zu den Räumen ist der Funktionserhalt E 30 jedoch zu gewährleisten. Sollte die Zentrale ausnahmsweise nicht über eine interne Batterie zur Versorgung bei Netzausfall verfügen, so ist die Netzzuleitung zur Zentrale in E 30 zu verlegen.

Aufzüge

Leitungen innerhalb von Fahrschächten und Triebwerksräumen gelten nach RbALei [29] ohne weitere Maßnahmen als hinreichend geschützt. Nach der Aufzugsverordnung und den Technischen Regeln für Aufzüge TRA [75] sind innerhalb dieser Räume fremde Einrichtungen – bis auf einige Ausnahmen – nicht erlaubt. Ein Brand kann also nur von aufzugseigenen Anlagen ausgehen oder diese selbst betreffen, womit ein Aufzugsbetrieb ohnehin ausge-

schlossen ist. Allerdings müssen die Zuleitungen bis in diese Räume (Schacht, Triebwerksraum) in
– E 30 bei Aufzügen in Evakuierungsschaltung und
– E 90 bei Feuerwehr- und notwendigen Bettenaufzügen
verlegt werden.

Rauch- und Wärmeabzugsanlagen

Nach RbALei [29] ist für diese Anlagen ein Funktionserhalt von E 90 gefordert. Leitungen, die bei ihrem Ausfall infolge Brandeinwirkung durch Unterbrechung oder Kurzschluß nicht zum Verlust der Funktion von Sicherheitseinrichtungen führen, benötigen keinen Funktionserhalt. Das betrifft z. B. Zuleitungen zu solchen Feuerabschlüssen, die bei Spannungsausfall durch eigene Energiespeicher (Druckluft, Federkraft) selbsttätig in die im Brandfall notwendige Stellung gesteuert werden.

Zuleitungen zu spannungsabhängigen Einrichtungen, wie z. B. Lüfter für den Rauch- und Wärmeabzug, benötigen jedoch Funktionserhalt E 90.

Leitungen, die zu anderen Brandabschnitten führen

Leitungen zu Sicherheitseinrichtungen in anderen Brandabschnitten müssen immer in der entsprechenden Funktionserhaltsklasse bis mindestens an diese Brandabschnitte herangeführt werden.

Verteilungen

Alle Verteiler, aus denen Sicherheitseinrichtungen mit gefordertem Funktionserhalt versorgt werden, benötigen den gleichen Funktionserhalt wie die entsprechende Sicherheitseinrichtung selbst, obwohl keine Prüfung nach DIN 4102 Teil 12 [10] erfolgt. Für die Hauptverteiler gilt, daß Wände und Decken in F 90, Türen in T 30 ausgeführt werden (F 5.2). Für Unterverteiler sind eigene Räume nötig, deren Wände und Decken in F 30 bzw. F 90 entsprechend der für die jeweilige Sicherheitseinrichtung geforderten Funktionserhaltsklasse errichtet sind und deren Türen T 30 besitzen. Alternativ können sie bei einer Anordnung außerhalb eigener Räume mit nichtbrennbaren Bauteilen in F 30 bzw. F 90 umkleidet werden (F 5.4). Natürlich muß zwischen den Begriffen „Funktionserhalt" und „Feuerwiderstand" unterschieden werden. Es wird mit vertretbarem Aufwand kaum möglich sein, z. B. Verteiler so zu fertigen, daß sie unter solchen Prüfbedingungen, wie sie für Kabelanlagen mit Funktionserhalt nach DIN 4102 Teil 12 [10] vorgeschrieben sind, funktionsfähig bleiben. Aber auch unter dem Gesichtspunkt, daß Brände nicht ausgerechnet vor Verteilern entstehen oder ablaufen müssen, fordert RbALei [29] für die Umhüllung der Verteiler lediglich eine Feuerwiderstandsdauer; bei den Kabelanlagen mit ihren meist großen Ausdehnungen über ganze Gebäudebereiche hinweg ist das Risiko eines Brandangriffs unvergleichlich höher, so daß die Forderung nach Funktionserhalt bei Kabelanlagen durchaus gerechtfertigt ist.

Frage 5.33 Was bedeutet der Kabelaufdruck „FE 180"

Auch wenn es sich gut liest: Der Aufdruck heißt **nicht** „Funktionserhalt". FE 180 steht für das Ergebnis eines Prüfverfahrens gemäß DIN VDE 0472 Teil 814, das den Isolationserhalt des Kabels bei einer Beflammung von 180 min unter nichtbaupraktischen Bedingungen nachweist. Der Isolationserhalt nach DIN VDE 0472 Teil 814 steht in keinem Zusammenhang mit dem Funktionserhalt nach DIN 4102 Teil 12 [10].

Frage 5.34 Mit welchen Kabeltemperaturen ist im Brandfall zu rechnen und welche Widerstandserhöhumg ergibt sich daraus ?

Bei Prüfungen nach DIN 4102 Teil 12 [10] wird die temperaturbedingte Widerstandserhöhung der Leiter nicht berücksichtigt. In den Prüfzeugnissen sind jedoch Angaben hierüber enthalten. Die Kenntnis der Temperaturen ist wichtig für die Dimensionierung der Kabelquerschnitte, denn es geht ja schließlich um den Funktionserhalt auch im Brandfall. Die Widerstandserhöhung darf nicht zur Überschreitung der zulässigen Schleifenimpedanzen und Spannungsabfälle (z. B. nach DIN VDE 0100 Teil 520 [17] 4 % der Nennspannung) führen. In den Erläuterungen der DIN 4102 Teil 12 [10] heißt es, „...daß Kabelanlagen in Kanälen und beschichtete Kabelanlagen ... zum Zeitpunkt des Funktionsverlustes eine Temperatur von etwa 150°C aufweisen. Für Kabelanlagen mit integriertem Funktionserhalt ... sind näherungsweise als Leitertemperaturen zum Zeitpunkt des Funktionsverlustes die Brandraumtemperaturen (nach Einheitstemperaturkurve ETK also etwa 900°C bis 1000°C, d. V.) anzusetzen, wenn kein besonderer Nachweis erfolgt." Welche Widerstandserhöhung anzusetzen ist, richtet sich danach, ob die Leitungen in Kanälen bzw. beschichtet verlegt oder Kabelanlagen mit integriertem Funktionserhalt gewählt werden und hängt von dem vom Brand betroffenen prozentualen Anteil der Leitungen von ihrer Gesamtlänge sowie der zulässigen Leitergrenztemperatur ab.

Die temperaturbedingte Widerstandserhöhung berechnet sich zu

$$\Delta R = pR\,(k\text{-}1);$$

R der Widerstand eines Stromkreises bei Normalbetrieb (angesetzt wird hier die Leitergrenztemperatur für PVC-Isolierung nach Tafel 4.3 mit 70°C)
p vom Brand betroffener Längenanteil von der Gesamtlänge der Leitung
k Temperaturkoeffizient aus der Verlegeart (Kanal: 150°C; integrierter Funktionserhalt: 950°C) und dem Leiterwerkstoff Cu oder Al bei 70°C Leitergrenztemperatur mit
  k= 1,32 für Leitungen in Kanälen
  k= 4,52 für Kabelanlagen mit integriertem Funktionserhalt,

Im **Bild 5.15** ist diese Gleichung als normierte Funktion $\Delta R / R$ dargestellt.

Beispiel:
Eine Leitung mit der Gesamtlänge von 60 m führt durch drei Brandabschnitte, wovon der größte 30 m lang ist (p = 50 % = 0,5). Bei einem Brand in diesem Abschnitt erhöht sich ihr ohmscher Widerstand um 16 % bei Verlegung im Kanal bzw. um 176 % bei Anwendung einer Kabelanlage mit integriertem Funktionserhalt.

Das Beispiel verdeutlicht den technischen Vorteil der Verlegung in Kanälen, wenn – wie bei Leistungskabeln – die Widerstandserhöhung von Bedeutung ist.

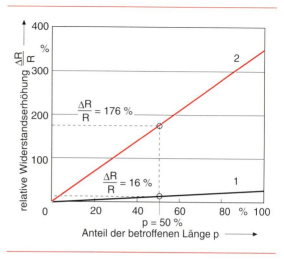

Bild 5.15 Temperaturbedingte Widerstandserhöhung von Stromkreisen in Kanälen (1); mit integriertem Funktionserhalt (2)
bezogen auf den vom Brand betroffenen Anteil p von der Gesamtlänge der Leitung und eine Leitergrenztemperatur von 70 °C *)

Frage 5.35 Besitzen Leitungen im oder unter Putz Funktionserhalt?

Nein. Jede Verlegung in einem definierten Funktionserhalt muß durch ein Prüfzeugnis nachgewiesen oder bauaufsichtlich zugelassen sein. Es gäbe für diese Verlegung erhebliche Probleme des Nachweises, da Putzschichten individuell aufgebracht werden. Die Erreichung einer prüfmustergetreuen Übereinstimmung ist kaum vorstellbar, und die Qualiätsüberwachung auf der Baustelle wäre sicher kostenaufwendiger, als die Verwendung klassifizierter fabrikfertiger Verlegesysteme oder bauaufsichtlich zugelassener Möglichkeiten (F 5.31).

Frage 5.36 Gilt das Verlegen von Leitungen durch andere Brandabschnitte oder außerhalb des Rettungsweges als funktionserhaltend?

Nein. Gerade Brände in anderen Bereichen dürfen nicht zum Ausfall von Sicherheitssystemen in nichtbetroffenen Brandabschnitten führen. Auch die Verlegung außerhalb des Rettungsweges hat mit der Erzielung eines geforderten Funktionserhalts nichts zu tun. Die Verlegung in einer Funktionserhaltsklasse setzt immer die Anwendung geprüfter Systeme oder bauaufsichtlich zugelassener Verfahren voraus und ist nicht durch das Ausweichen in andere Gebäudeabschnitte zu erreichen (F 5.32).

Frage 5.37 Erreichen Leitungen durch das Verlegen über Unterdecken bereits Funktionserhalt?

Werden Leitungen über klassifizierte Unterdecken, in Doppelböden mit klassifizierten Bodenplatten oder in klassifizierten Installationsschächten oder -kanälen verlegt, heißt das nicht, daß sie damit auch bereits einen entsprechenden Funktionserhalt erreichen. Funktionserhalt ist beispielsweise auch bei einem Brand im Zwischendeckenbereich zu gewährleisten. Die Begriffe „Feuerwiderstandsdauer" und „Funktionserhalt" müssen voneinander getrennt werden, ihre Maßnahmen sind unabhängig voneinander zu erfüllen. Leitungen mit Funktionserhalt sind also auch bei Verlegung z. B. über klassifizierten Unterdecken zusätzlich in der geforderten Funktionserhaltsklasse zu verlegen (s. Einleitung zu Abschnitt 5.3).

Frage 5.38 Wie sind Verteiler zu schützen, aus denen Anlagen mit Funktionserhalt versorgt werden?

– (Gebäude-)Hauptverteiler für diese Anlagen müssen in abgeschlossenen elektrischen Betriebsstätten untergebracht sein. Die brandschutztechnischen Anforderungen sind in F 5.2 und Tafel 5.1 beschrieben (Wände und Decken in F 90, Türen in T 30, keine anderweitige Nutzung des Raumes).

– Unterverteiler für derartige Anlagen sollten in eigenen Räumen untergebracht werden. Je nach Funktionserhaltsklasse müssen Decken und Wände mindestens F 30 bzw. F 90, die Türen mindestens T 30 aufweisen. Ist die Unterbringung in eigenen Räumen mit diesen Anforderungen nicht möglich, muß die Umkleidung dieser Verteiler allseitig mit Bauteilen erfolgen, deren Feuerwiderstandsdauer mindestens F 30 bzw. F 90 beträgt (F 5.32).

Frage 5.39 Wie sind Kabelanlagen mit Funktionserhalt zu kennzeichnen ?

Die Kabelanlage ist gem. DIN 4102 Teil 12 [10] mit einem Schild **(Bild 5.16)** dauerhaft zu kennzeichnen, das auf der Kabelanlage anzubringen ist und folgende Angaben enthalten muß:
– Name des Unternehmers, der die Kabelanlage hergestellt hat,
– Bezeichnung der Kabelanlage laut Prüfzeugnis,
– Funktionserhaltsklasse, Prüfzeugnisnummer,
– Herstellungsjahr.
Eine Werksbescheinigung ist auszustellen **(Bild 5.17)**.

Kabelanlage „E..."
nach DIN 4102 Teil 12

....
Prüfzeugnis-Nr.   Herstellungsjahr

....................Name des Unternehmens, das die Kabelanlage erstellt hat.

Inhaber des Prüfzeugnisses:

Bild 5.16   Muster für die Kennzeichnung einer Kabelanlage

> **Bescheinigung über die Ausführung**
> (Bescheinigung DIN 50 049-2.1)
>
> – Name und Anschrift des Unternehmens, das das Kabelsystem eingebaut hat:
> – Baustelle bzw. Gebäude:
> – Datum der Errichtung:
> – Geforderte Funktionserhaltklasse:
>
> Hiermit wird bestätigt, daß das Kabelsystem der Funktionsklasse E ... hinsichtlich aller Einzelheiten fachgerecht und unter Einbeziehung aller Bestimmungen des Zulassungsbescheids Nr. Z-... des Instituts ... vom ...
> (und ggf. der Bestimmungen der Änderungs- und Ergänzungsbescheide vom ...) errichtet wurde.
>
> ....
> (Ort, Datum)   (Firma/Unterschrift)
>
> (Diese Bescheinigung ist dem Bauherrn zur Weitergabe an die zuständige Bauaufsichtsbehörde auszuhändigen.)

Bild 5.17   Muster einer Werksbescheinigung

Frage 5.40 Wird für einzelne Betriebsmittel von Sicherheitseinrichtungen Funktionserhalt gefordert ?

Eine generelle Forderung gibt es nicht, und das hat drei Gründe:
1. Es ist technisch nur mit hohen Aufwendungen möglich, Betriebsmittel so herzustellen, daß sie den Temperaturen eines Brandes über 30 oder gar 90 min standhalten. Man stelle sich z. B. diese Forderung für die Lautsprecher einer elektro-akustischen Rufanlage vor.

2. Die meisten Betriebsmittel in Sicherheitsstromkreisen dienen den Rettungs- oder Löschmaßnahmen oder der Alarmierung von Personen. Da der Aufenthalt von Personen bei Brandtemperaturen über eine Zeit von 30 oder gar 90 min kaum möglich ist, wird es auch nicht erforderlich, z. B. Sicherheitsleuchten oder Lautsprecher über eine derartige Zeitspanne funktionsfähig zu halten. Auch automatische Brandmelder haben bei diesen Temperaturen längst ihre Aufgabe der Meldung erfüllt.
3. Wenn ein einzelnes Betriebsmittel durch Brand zerstört wird, bedeutet das nicht den Ausfall des gesamten Sicherheitskreises.

Das Risiko der Zerstörung durch Brand ist bei den Leitungsanlagen für Sicherheitszwecke aufgrund ihrer manchmal enormen Länge unvergleichlich höher als bei einzelnen „punktförmigen"
Betriebsmitteln. Daher sind vorrangig die Leitungsanlagen schutzbedürftig.

Die RbALei [29] trägt diesem Bedürfnis Rechnung, indem der Funktionserhalt nach dem Titel dieser Richtlinie nur für die Leitungsanlagen gefordert wird. Allerdings geht diese Richtlinie auch hierbei einen Schritt weiter und fordert für Verteiler der Sicherheitsanlagen den Schutz durch Bauteile mit einer Feuerwiderstandsdauer von 30 bzw. 90 min (F 5.2).

6 Prüfungen der Maßnahmen des Brandschutzes

In der Norm für Erstprüfungen – DIN VDE 0100 Teil 610 – wird das Beurteilen der Maßnahmen des Brandschutzes kaum behandelt. Lediglich im Abschnitt „Besichtigen" finden wir Hinweise auf die Brandschottungen und den Schutz gegen thermische Einflüsse; das Kapitel zum Messen und Erproben ist „in Vorbereitung".

Das ändert nichts an der Tatsache, daß die prüfende Elektrofachkraft auch die Maßnahmen des Brandschutzes zu kontrollieren hat. Bereits mit dem Nachweis der Schutzmaßnahmen gegen elektrische Durchströmungen von Personen wird immer etwas für den Schutz gegen Brände getan. Auch das Messen von Isolationswiderständen zum Erkennen möglicher Isolationsschwächen dient dem Vorbeugen gegen Brände, die durch Ableitströme verursacht werden können.

Frage 6.1 Was gehört zum Besichtigen?

Das Besichtigen stellt einen Schwerpunkt der Prüfungen dar und umfaßt Feststellungen zur
- Vollständigkeit der Planungsunterlagen und ihrer sachlichen Übereinstimmung mit den zutreffenden Normen,
- Übereinstimmung der Anlage mit den Planungsunterlagen (Einsatz der vorgesehenen Geräte, Kabel und Leitungen, Typen, Querschnitte usw.),
- Einhaltung der Herstellervorgaben für die Geräte (Einsatzbedingungen, Einbaulage, maximal zulässige Vorsicherung usw.),
- vorhandenen Verlustleistung der Einbaugeräte im Vergleich mit

der zulässigen Wärmelast von Verteilern,
- richtigen Anwendung von Minderungsfaktoren bei der Leitungsverlegung,
- Auswahl der Schutzeinrichtungen gegen Überstrom,
- Möglichkeit, die Nennfehlerströme von FI-Schutzschaltern im Interesse des Brandschutzes zu minimieren,
- Verwendung erforderlicher Zwischenlagen bzw. Einhaltung der Mindestabstände zu brennbaren Stoffen,
- Ermittlung der tatsächlich installierten Brandlast (auch die Brandlast von anderen Gewerken ist einzurechnen) und Kontrolle, ob die hiernach erforderlichen Feuerwiderstandsklassen der Installationsschächte, -kanäle und Unterdecken gegeben sind,
- Installation von Leitungsanlagen mit Funktionserhalt gemäß Zulassungsbescheid (Kabeltyp, Befestigungselemente und -abstände, zulässige Belegung, Umkleidungen, Kennzeichnung, Werksbescheinigung),
- Ausführung von Kabelabschottungen gem. Zulassungsbescheid, Kennzeichnung und Werkbescheinigung,
- Beachtung des Legeverbots brennbarer Baustoffe in Rettungswegen.

Frage 6.2 Was wird durch Erproben und Messen festgestellt?

Eine ganze Reihe von Brandschutzmaßnahmen läßt sich nicht erproben. Das unterstreicht um so mehr die Bedeutung des Prüfens durch Besichtigen. Messungen z. B. der Schleifenimpedanzen und der Auslösewerte von FI-Schutzschaltern sind auch für den Nachweis des Brandschutzes bedeutsam.
Zum Erproben gehören u.a.
- die Simulierung des Ausfalls der Stromversorgung von Brandmeldezentralen (Umschaltung auf die Ersatzstromquelle und Störungsanzeige müssen erfolgen),
- das Anregen von Brandmeldern mit Prüfgas, Wärmequelle bzw. von Hand (Auflaufen, Registrierung und Weiterleitung der Meldungen, Öffnen von Rauch- und Wärmeabzugsvorrichtungen, Schließen von Feuerschutzabschlüssen müssen erfolgen),

- das Simulieren von Erd- und Kurzschlüssen sowie von Unterbrechungen der Primärleitungen zu den Meldern (Störungsmeldung muß erfolgen),
- das Herausnehmen von Brandmeldern (muß zur Störungsmeldung führen),
- das Betätigen der Prüftasten von FI-Schutzschaltern,
- die Kontrolle der Wirksamkeit von Wiedereinschaltsperren an thermischen Motorschutzeinrichtungen,
- die Kontrolle der Wirksamkeit von Wiedereinschaltsperren an Sicherheitstemperaturbegrenzern oder Luftströmungswächtern von Warmluftheizungen,
- die Quittiermöglichkeit akustischer Störmeldungen und das Bestehenbleiben optischer Anzeigen bei weiter anstehenden Störungen.

Zu messen sind
- die Innenwiderstände von Stromkreisen zum Nachweis der Einhaltung der zulässigen Abschaltzeiten bei vollkommenem Kurzschluß,
- der Ansprechstrom von Überlastmeldeeinrichtungen für Trenntransformatoren des IT-Systems in medizinisch genutzten Räumen der Anwendungsgruppe AG 2,
- der Ansprechwiderstand von Isolationsüberwachungseinrichtungen in IT-Systemen,
- die elektrostatische Ableitfähigkeit von Fußböden, z. B. in Batterieräumen,
- die Auslösezeiten von FI-Schutzeinrichtungen und die Berührungsspannungen; der Nachweis des Auslösens dieser Einrichtungen spätestens bei Erreichung ihres Nennfehlerstromes ist erforderlich.

Frage 6.3 Ist ein Prüfprogramm sinnvoll, und kann dieses als Nachweis über die Prüfung der Brandschutzmaßnahmen dienen?

Für umfangreiche Anlagen kann es sehr hilfreich sein, sich ein Prüfprogramm in Form einer Checkliste zurechtzulegen. Es dient auch gleichzeitig der Nachweisführung der Prüfung gegenüber dem Auftraggeber oder den Behörden.

Ob und in welchem Umfang den Prüfern eine derartige Checkliste zur Verfügung gestellt wird, entscheidet natürlich die verantwortliche Fachkraft.

An drei Beispielen soll ein solches Programm vorgestellt werden:

Beispiel 1: Installationen in baulichen Anlagen aus vorwiegend brennbaren Baustoffen

Anlagenteil	Forderung	Vorschrift
1. Hausanschluß - HA-Kabel - Fußboden	auf Fibersilikatplatte 20 mm dick/300 mm breit unter dem HA-Kasten durch nichtbrennbaren Baustoff geschützt	VDE 0100 T 732 VdS 2023/3.1
2. FI-Schutzschalter	$I_{\Delta n} \leq 30$ mA	VdS 2023/3.2.2
3. PE-Leiter	auch zu schutzisolierten Betriebsmitteln geführt	VdS 2023/3.2.2
4. Hohlwanddosen, Kleinverteiler	Kennzeichen ▽	VDE 0100 T 730/4.1
5. Einbaudosen ohne H	mit 100 mm Steinwolle oder mit 12 mm dickem Fibersilikat umgeben	VDE 0100 T 730/4.3
6. Stegleitungen	nicht verwendet	VDE 0100 T 520/5.2.3
7. Installationsrohre	Kennzeichen ACF	VDE 0100 T 730/4.6
8. Hinten offene Betriebsmittel	bis 63 A Zwischenlage aus z. B. 1,5 mm dickem Hp 2063 oder Hm 2471	VdS 2023/3.3.3
9. Kleinverteiler, Zählertafeln	Zwischenlage aus 12 mm Fibersilikat	VdS 2023/3.3.2
10. LS-Leuchten an Bauteilen B2	Kennzeichen ▽, ▽▽, ▼ oder ▼▼	VDE 0100 T 559/Tab.1,2
11. LS-Leuchten ohne Kennz.	≥ 35 mm Abstand zu Bauteilen B1	VDE 0100 T. 559/5.3.1
12. Abstand der E-Leitungen zu	- Heizungs- und Heißwasserleitungen ≥ 100 mm - Rauch- und Abgasrohren ≥ 250 mm	VdS 2033/3.3.1

Beispiel 2: Kabel- und Leitungsanlage

Anlagenteil	Forderung	Vorschrift
1. Absicherungen	Schutz bei Überstrom	VDE 0100 T 430
2. Aktive Leiter	Mindestquerschnitte zulässige Strombelastbarkeit	VDE 0100 T 520 VDE 0298
3. Erdungs-, PA- und PE-Leiter	Mindestquerschnitte	VDE 0100 T 540
4. Leitungssysteme	Trennung Sicherheitsstromkreise (Trennstege, Abstand, gesonderte Pritschen)	VDE 0100 T 560 VDE 0107 u. 0108
5. Rettungsweg	Brandlast, Feuerwiderstandsklasse	RbALei/11.94
6. Funktionserhalt	für Sicherheitssysteme, Kennz., Werkbescheinig.	DIN 4102 T 12
7. Klassifiz. Kanäle, Schächte	keine Brennstoffleitungen od. Leitungen > 100°C	DIN 4102 T 4/8.6.4
8. Bauliche Kanäle	Schottungen alle 40 m in F 90, an Kreuzungen u. Abzweigen in F 30	VdS 2025/4.4
9. Decken/Wände	Kabelabschottungen, Kennz., Werksbescheinig.	DIN 4102 T 9
10. Näherungen	zu Blitzschutzanlagen	VDE 0185 T 1/6.2.2
11. Leitungen	-kurzschluß- und erdschlußsichere Verlegung -mechanischer Schutz in gefährdeten Bereichen	VDE 0100 T 520/10.2 VDE 0100 T 520/4.2

Beispiel 3: Niedervoltbeleuchtungsanlage

Anlagenteil	Forderung	Vorschrift
1. Trafo	kurzschlußfester Sicherheitstrafo (Kennz. ⊡) zum Einbau in Möbeln geeignet (Kennz. Ⓦ)	VdS 2324/4.2.2
2. Konverter	Schutz gegen Überhitzung	VdS 2324/4.2.3
3. Trafo und Konverter	Zugänglichkeit	VdS 2324/4.2.4
4. Dimmer	Auslegung für 1,1 I_n, schaltet bei Leerlauf ab	VdS 2324/4.2.6
5. Leuchten	- Sicherheitsscheiben - Abstand zu brennbaren Stoffen ist > 0,5 m - Abstand hinter d. Reflektoren s. Herstellerangabe	VdS 2324/4.3.2 VdS 2324/4.3.3 Hersteller
6. Leitungen	- Prüfspannung $\geq$ 500 V/1 min - PVC-Aderleitungen in E-Installationsrohr ACF	VdS 2324/4.4.1
7. Leitermindestquerschnitte	- 1,5 mm^2 Cu für festverlegte Leitungen, - 1,0 mm^2 Cu für flex. Leitungen, max. 3 m lang, - 4,0 mm^2 Cu für freihängende flex. Leitungen	VdS 2324/4.4.2
8. Blanke aktive Leiter	- nicht im Handbereich - nicht in baulichen Anlagen nach VDE 0108 - nicht in mediz. Räumen AG 1 und AG 2 - im übrigen Bereich mindestens ein aktiver Leiter isoliert, oder es ist eine Überwachungseinrichtung eingebaut, die bei Leistungserhöhung von mehr als 60 W und bei Leistungsminderung innerhalb von 0,3 s abschaltet	VdS 2324/4.4.4 VDE 0108 T.1/5.2.3.1 VDE 0107/4.1.2 VdS 2324/4.5
9. Befestigungsmittel	isolierte Ausführung	VdS 2324/4.7.

Anhang 1
Definitionen und Symbole

Flammpunkt

niedrigste Temperatur einer Flüsigkeit, bei der sich aus der Füssigkeit unter vorgeschriebenen Prüfbedingungen bei einem Druck von 1,013 bar Dämpfe in solchen Mengen entwickeln, daß sie mit Luft über dem Flüssigkeitsspiegel ein durch Fremdzündung entzündbares Gemisch ergibt.

Gefahrklasse

Auf der Grundlage ihres Flammpunktes werden brennbare Füssigkeiten in Gefahrklassen eingeteilt.

Gefahrklasse A: Flüssigkeiten, die einen Flammpunkt nicht über 100 °C haben und hinsichtlich der Wasserlöslichkeit nicht die Eigenschaften der Gefahrklasse B aufweisen und zwar

Gefahrklasse A I: Flüssigkeiten mit einem Flammpunkt unter 21 °C

Gefahrklasse A II: Flüssigkeiten mit einem Flammpunkt von 21 °C bis 55 °C

Gefahrklasse A III Flüssigkeiten mit einem Flammpunkt über 55 °C bis 100 °C

Gefahrklasse B: Flüssigkeiten mit einem Flammpunkt unter 21 °C, die sich bei 15 °C in Wasser lösen oder deren brennbare flüssige Bestandteile sich bei 15 °C in Wasser lösen.

Brennbare Flüssigkeiten der Gefahrklasse A III, die auf ihren Flammpunkt oder darüber erwärmt sind, stehen den brennbaren Flüssigkeiten der Gefahrklasse A I gleich. (VbF [63])

Kabelanlage

Starkstromkabel, isolierte Starkstromleitungen, Installationskabel und -leitungen für Fernmelde- und Informationsverarbeitungsanlagen und Schienenverteiler einschließlich der zugehörigen Kanäle Beschichtungen und Bekleidungen, Verbindungselemente, Tragevorrichtungen und Halterungen. (DIN 4102 Teil 12 [10])

Raumabschließende Wände

z. B. Wände in Rettungswegen, Treppenraumwände, Wohnungstrennwände und Brandwände. Sie dienen zur Verhinderung der Brandübertragung von einem Raum zum anderen. Sie werden nur einseitig vom Brand beansprucht. (DIN 4102 Teil 4 [57])

Sicherheitstreppenraum

Treppenraum, in den Feuer und Rauch nicht eindringen können (VVBauO NW)

Symbole

⊕	Anschlußstelle für Schutzleiter – Gerät der Schutzklasse I
▢	Schutzisolierung – Gerät der Schutzklasse II
⦶	Schutzkleinspannung – Gerät der Schutzklasse III
▽	Leuchten mit Entadungslampen. Sie dürfen unmittelbar auf nichtbrennbaren (Klasse A) und schwer-oder normalentflammbaren Baustoffen (Klassen B 1 bzw. B 2) montiert werden. Im Normalbetrieb ist die Oberflächentemperatur dieser Leuchten $\leq 95\,°C$, im Fehlerfall „Starterversagen" $\leq 130\,°C$. Im Fehlerfall „Windungsschluß" bleibt die Temperatur im Vorschaltgerät $\leq 180°C$.
▽̅	Leuchten mit Entladungslampen. Sie dürfen an oder in Einrichtungsgegenständen angebracht werden, die den Baustoffklassen A, B 1 oder B 2 genügen, auch wenn diese furniert, lackiert oder beschichtet sind.
▽ ▽	Leuchten mit begrenzter Oberflächentemperatur. Sie können sowohl mit Glüh- als auch mit Entladungslampen bestückt sein und besitzen in der Regel auch eine

	Kennzeichnung der Einbaulage. Sie sind für den Einsatz in durch Staub oder/und Fasern feuergefährdeten Betriebsstätten geeignet.
▽▽	Leuchten mit begrenzter Oberflächentemperatur. Sie können sowohl mit Glüh- als auch mit Entladungslampen bestückt sein. Sie dürfen in einer auf der Leuchte vorgeschriebenen Einbaulage auch auf Baustoffen montiert werden, deren Brandverhalten unbekannt ist. Eine Entzündung brennbarer Baustoffe wird ausgeschlossen.
▽	Kennzeichen für Kleinverteiler, Gerätedosen usw. für den versenkten Einbau in Bauteile aus brennbaren Baustoffen.
▷→...m	Angabe des Mindestabstandes der Lichtaustrittsöffnung von Strahlerlampen zu brennbaren Baustoffen.
Ⓡ	Kennzeichen für Vorschaltgeräte als unabhängiges Zubehör von Leuchten mit Entladungslampen. Diese Vorschaltgeräte dürfen auf Baustoffen der Klassen A, B 1 und B 2 unmittelbar befestigt werden. Sie dürfen nicht unmittelbar auf Baustoffen der Klasse B 3 montiert werden.
T	Kennzeichen für Leuchten bei höheren Umgebungstemperaturen, z. B. **T** 45 für 45 °C.
⊤	Kennzeichen für Leuchten, die für den Einsatz in solchen Bereichen geeignet sind, in denen mechanische Beschädigungen nicht ausgeschlossen werden können.
Ⓕ	Kennzeichen für flammsichere Kondensatoren von Leuchten mit Entladungslampen. Einsatz auch bei Anwesenheit leichtentzündlicher Stoffe.
ⒻⓅ	Kennzeichen für flamm- und platzsichere Kondensatoren von Leuchten mit Entladungslampen; einsetzbar auch bei Anwesenheit leichtentzündlicher Stoffe.
⌸	Kennzeichen für einen kurzschlußfesten Sicherheitstransformator nach VDE 0551

Schalten Sie um auf ep

NUTZEN SIE DIE VORTEILE, DIE WIR IHNEN BIETEN!

VIELFALT IN 14 RUBRIKEN
Sie erhalten in der Sprache des Praktikers Informationen zu neuen Produkten, aus den Firmen, zur Betriebsführung und Weiterbildung.

KURZ UND KNAPP
berichten wir aus der Arbeit der Innungen, der Verbände und der BG sowie über Messen, Ausstellungen und Fachtagungen.

INSIDER DER BRANCHE
Branchenkenner erläutern Ihnen – zugeschnitten auf die Praxis – neue technische Entwicklungen, Normen und Vorschriften.

PRAXISNAH
Fragen unserer Leser zu Problemen, wie sie täglich bei der Arbeit auftreten können, beantworten wir in jeder Ausgabe unter „Leseranfragen".

BEITRAGSSERIEN
Serien wie die „Zeitgemäße Elektroinstallation" eignen sich zum Sammeln, denn sie vermitteln Ihnen nützliche Kenntnisse über neue Techniken.

ZUKUNFTSWEISEND
Das Magazin LERNEN und KÖNNEN für die Aus- und Weiterbildung ist jetzt fester Bestandteil jeder Ausgabe.

Verlag Technik · 10400 Berlin

Direkt-Bestell-Service Tag und Nacht:
Ein kostenloses Probeheft liegt für Sie bereit.
☎ 030/42 151 - 401, Fax 030/42 151 - 468

**Wenn Sie wissen,
was Sie wollen,
lassen Sie es uns wissen.**

**Wir können einiges
für Sie erledigen.**

- **Elektrotechnische Prüfungen:**
- Elektrische Anlagen und Betriebsmittel gemäß VBG 4
- Elektrische Anlagen nach Verordnung über Lagerung, Transport und Abfüllung brennbarer Flüssigkeiten (VbF)
- Explosionsgeschützte Anlagen nach Elex V
- Elektrische Anlagen nach Baurecht
  - Elektrische Anlagen • Blitzschutzanlagen
  - Sicherheitsbeleuchtungsanlagen
  - Brandmeldeanlagen • Rauchabzugseinrichtungen
  - Elektrostatische Ableitungen des Fußbodens
- Elektrische Anlagen gemäß Klausel 3602 „Elektrische Anlagen" zu den Allgemeinen Feuerversicherungs-Bedingungen, (AFB) des Verbandes der Schadensversicherer

- **Maschinentechnische Prüfungen**
- Aufzüge • Flurförderzeuge • Fahrtreppen • Fahrsteige
- Hebebühnen • Hubarbeitsbühnen • Regalbedienungsgeräte • kraftbetätigte Fenster, Türen und Tore • Krane
- alle motorisch angetriebenen Hebezeuge sowie handbetriebene Hebezeuge über 1t, Winden, Hub- und Zuggeräte • mechanische Leitern • Spielplätze
- bühnentechnische Anlagen • fliegende Bauten
- Seilbahnen • Schlepplifte • Pressen und Scheren
- Kipp- und Absetzbehälter

- **Schall- u. schwingungstechnische Untersuchungen**

- **Prüfung von medizinisch-technischen Geräten**

Rufen Sie uns an.
Sie erreichen die Abt. Elektrotechnik, Bergbau und Maschinenwesen unter T. (03 91) 73 66-4 00, Fax -3 66.
**TÜV Hannover/Sachsen-Anhalt,
Niederlassung Magdeburg,
Adelheidring 16, 39108 Magdeburg**

Anhang 2

a)

b)

Bild 3.1 Glühender Kontakt in einem Wohnungsverteiler
  a) Aufnahmen im Dunkeln
  b) Der gleiche Kontakt bei Licht

Die **halogenfreien** Sicherheits-Kabel

Halogenfreie, flammwidrige

Installationskabel für

Industrie-Elektronik mit

Isolationserhalt im Brandfall

nach VDE 0472 Teil 814,

nach IEC 331 oder mit

Funktionserhalt E30/E90

nach DIN 4102 Teil 12.

Coupon:

☐ Ja, ich wünsche mehr Information.

☐ Ja, rufen Sie mich bitte an, um einen Termin zu vereinbaren.

Firma: _____

Ansprechpartner: _____

Adresse: _____

Telefon: _____

Telefax: _____

Betefa
SPEZIALKABEL

Berliner Telefonschnur- und
Spezialkabel-Fabrik GmbH
Sonnenallee 228
12057 Berlin
Telefon (0 30) 6 83 83-0
Telefax (0 30) 6 83 83-163

Das brandheiße Thema • Das brandheiße Thema • Das brandheiße Thema

RADOX® FR E90

**Halogenfreie Sicherheitskabel
mit Funktionserhalt E90 nach DIN 4102 Teil 12**

Postfach 1263 · 82019 Taufkirchen
Telefon (089) 61201-0
Telefax (089) 61201-162

Weitere Infos:
Rufen Sie uns an!
Wir beraten Sie gerne.
Herr Quest
(0 89) 6 12 01-265 oder
Herr Wenzel
(0 33 7 69) 6 19 90.

Wichtig:
Nur wenn ein Kabeltyp bei allen vier Verlegearten mit E90 bestanden hat, liegt eine uneingeschränkte Systemzulassung für E90 vor.

Das brandheiße Thema • Das brandheiße Thema • Das brandheiße Thema

Bild 3.6   Vorbereitung der Prüfung einer Kabelanlage auf Funktionserhalt [SUHNER Taufkirchen]

a)

b)

Bild 3.7　Kabelanlage
　　　　　a) Prüfen auf Funktionserhalt
　　　　　b) nach bestandener Prüfung

a)

b)

Bild 4.3 Ein als Potentialausgleichsleitung verwendetes Kabel (a) und eine Potentialausgleichschiene (b), die über lange Zeit von Kurzschlußströmen durchflosssen waren.

Bild 4.6 Kurzschluß- und erdschlußsichere Verlegung durch Verwendung einer Leitung NSGAFÖU von der Sammelschiene zur Vorsicherung eines Tarifschaltgerätes

Bild 4.12 Folgen einer verhinderten Wärmeabfuhr an einem Fernsehgerät

Bild 5.1 *Ausgebrannter Rettungsweg in einer Schule.*
Erkennbar sind die Reste eines Verteilers.

Bild 5.14 *Wegen unzureichender Befestigung abgestürzte Kabelanlage [SUHNER Taufkirchen]*

Literaturverzeichnis

[1] Bauproduktengesetz BGBl. I, S.1495 vom 10.8.1992
[2] DIN 4102 Brandverhalten von Baustoffen und Bauteilen
 Teil 1/05.81 Baustoffe
[3] Teil 2/09.77 Bauteile
[4] Teil 3/09.77 Brandwände und nichttragende Außenwände
[5] Teil 4/03.94 Zusammenstellung und Anwendung klassifizierter Baustoffe, Bauteile und Sonderbauteile
[6] Teil 5/09.77 Feuerschutzabschlüsse
[7] Teil 6/09.77 Lüftungsleitungen
[8] Teil 9/05.90 Kabelabschottungen
[9] Teil 11/12.85 Rohrummantelungen, Rohrabschottungen, Installationsschächte und -kanäle sowie Abschlüsse ihrer Revisionsöffnungen
[10] Teil 12/01.91 Funktionserhalt von elektrischen Kabelanlagen
[11] Teil 13/05.90 Brandschutzverglasungen
[12] DIN 18012/06.82 Hausanschlußräume
[13] DIN 18015 Elektrische Anlagen in Wohngebäuden
 Teil 1/03.92 Planungsgrundlagen
[14] Teil 3/06.90 Leitungsführung und Anordnung der Betriebsmittel
[15] DIN VDE 0100 Errichten von Starkstromanlagen mit Nennspannungen bis 1000 V
 Teil 420/11.84 Schutzmaßnahmen; Schutz gegen thermische Einflüsse
[16] Teil 430/11.91 Schutzmaßnahmen; Schutz von Kabeln und Leitungen bei Überstrom
[17] Teil 520/11.85 Auswahl...Kabel, Leitungen und Stromschienen
[18] Teil 559/03.83 Leuchten und Beleuchtungsanlagen
[19] Teil 560/07.95 Elektrische Anlagen für Sicherheitszwecke
[20] Teil 705/10.92 Landwirtschaftliche und gartenbauliche Anwesen

[21]	Teil 720/03.83 Feuergefährdete Betriebsstätten
[22]	Teil 724/06.80 Elektrische Anlagen in Möbel n und ähnlichen Einrichtungsgegenständen
[23]	Teil 730/02.86 Verlegen von Leitungen in Hohlwänden...
[24]	Teil 732/11.90 Hauseinführungen
[25]	DIN VDE 0101/05.89 Errichten von Starkstromanlagen mit Nennspannungen über 1 kV
[26]	DIN VDE 0105 Betrieb von Starkstromanlagen
[27]	DIN VDE 0107/10.94 Starkstromanlagen in Krankenhäusern...
[28]	DIN VDE 0108 Starkstromanlagen und Sicherheitsstromversorgung in baulichen Anlagen für Menschenansammlungen Teil 1/10.89 Allgemeines
[29]	RbALei /11.94 Richtlinien über brandschutztechnische Forderungen an Leitungsanlagen
[30]	DIN VDE 0116/10.89 Elektrische Ausrüstungen für Feuerungsanlagen
[31]	DIN VDE 0128/06.81 Errichten von Leuchtröhrenanlagen mit Nennspannungen über 1000V
[32]	DIN VDE 0132/11.89 Brandbekämpfung im Bereich elektrischer Anlagen
[33]	DIN VDE 0165/02.91 Errichten elektrischer Anlagen in explosionsgefährdeten Bereichen
[34]	DIN VDE 0185/11.82 Blitzschutzanlage
[35]	DIN VDE 0298 Verwendung von Kabeln und isolierten Leitungen für Starkstromanlagen
[36]	DIN VDE 0510 Akkumulatoren und Batterieanlagen Teil 2/07.86 Ortsfeste Batterieanlagen
[37]	VdS 2005/03.88 Elektrische Leuchten
[38]	VdS 2006/11.92 Blitzschutz durch Blitzableiter
[39]	VdS 2013/04.74 Freiliegende Kabelbündel,-kanäle,-schächte
[40]	VdS 2015/01.93 Elektrische Geräte und Einrichtungen
[41]	VdS 2023/09.92 Elektrische Anlagen in Gebäuden aus brennbaren Baustoffen
[42]	VdS 2024/09.92 Elektrische Betriebsmittel in Einrichtungsgegenständen
[43]	VdS 2025/09.94 Kabel-, Leitungs- und Stromschienenanlagen
[44]	VdS 2031/10.91 Überspannungsschutz in elektrischen Anlagen
[45]	VdS 2033/05.88 Feuergefährdete Betriebsstätten
[46]	VdS 2073/05.88 Elektrowärmegeräte zur Aufzucht und Tierhaltung
[47]	VdS 2094/01.92 Baustoffe, Bauteile – Katalog

[48] VdS 2134/09.92 Verbrennungswärme der Isolierstoffe von Kabeln und Leitungen
[49] VdS 2193/05.88 Überspannungsschutz
[50] VdS 2234/06.90 Brand- und Komplextrennwände
[51] VdS 2258/01.93 Schutz gegen Überspannungen
[52] VdS 2259/10.91 Batterieladeanlagen für Elektrofahrzeuge
[53] VdS 2302/02.92 Niedervoltbeleuchtung
[54] VdS 2324/10.92 Niedervoltbeleuchtungsanlagen und -systeme
[55] MBO Musterbauordnung vom 11.12.1993
[56] GD Grundlagendokument „Brandschutz" auf der Basis der RL 89/106/EWG
[57] EltBauR/05.73 Richtlinie über den Bau von Betriebsräumen für elektrische Anlagen
[58] FeuRL/10.90 Richtlinie über Feuerungsanlagen...sowie Brennstofflagerung
[59] RbAL/09.90 Richtlinie über die brandschutztechnischen Anforderungen an Lüftungsanlagen
[60] VSTR/05.77 Richtlinie über den Bau und Betrieb von Verkaufsstätten
[61] BauOLSA/06.94 Bauordnung des Landes Sachsen-Anhalt
[62] TAB Technische Anschlußbedingungen der EVU
[63] VbF/05.82 Verordnung über ... brennbare Flüssigkeiten
[64] TRbF 100/05.89 Technische Regeln für brennbare Flüssigkeiten
[65] Haustech ÜVO/11.84 VO über die Überwachung haustechnischer Anlagen, Hamburg
[66] RbBH/09.90 Richtlinien über die Verwendung brennbarer Baustoffe im Hochbau
[67] HEA-M2/08.91 Elektroinstallation in Wohngebäuden
[68] DIN 1053 / Mauerwerk
  Teil 1/02.90 Rezeptmauerwerk
[69] RdErl./11.93 Brandschutz in bestehenden Hochhäusern, Mbl. LSA Nr.79/1993, S. 2818
[70] Einf.-Erl./5.90 Einführung der DIN 4102 Teil 11 als Technische Baubestimmung, Bremen
[71] RbAHD/03.93 Richtlinie über brandschutztechnische Anforderungen an Hohlraumestriche und Doppelböden (Einführung als Technische Baubestimmung in Sachsen-Anhalt (Mbl LSA Nr. 11/1995))
[72] VBG 1/10.94 Unfallverhütungsvorschrift – allgemeine Vorschriften
[73] VBG 4/04.79 Unfallverhütungsvorschrift – Elektrische Anlagen und Betriebsmittel
[74] ElBergV/1992 Bergverordnung für elektrische Anlagen
[75] TRA Technische Regeln für Aufzüge

[76]	HochVO/06.86 Hochhausverordnung
[77]	GhVO/05.77 Geschäftshausverordnung
[78]	VstättVO/01.89 Versammlungsstättenverordnung
[79]	GastVO/02.82 Gaststättenverordnung
[80]	KhBauVO/12.76 Krankenhausbauverordnung
[81]	VVLBauOM-V Verwaltungsvorschrift zur LBO, Amtsblatt für Mecklenburg-Vorpommern Nr. 36 vom 29.08.1994
[82]	VVBauONW Verwaltungsvorschrift zur LBO, RdErl. NW vom 29.11.1984
[83]	VwVSächsBO Verwaltungsvorschrift zur Sächsischen Bauordnung vom 08.03.1995
[84]	*Vogt, D.:* Elektroinstallationen in Wohngebäuden. Handbuch für die Installationspraxis. 3. Aufl. Berlin, Offenbach: VDE, 1990
[85]	*Kiefer, G.:* VDE 0100 und die Praxis. 4. Auflage. Berlin, Offenbach: VDE, 1990
[86]	DIN VDE 1000 Errichten von Starkstromanlagen mit Nennspannung bis 1000 V Teil 10/05.95 Anforderungen an die im Bereich der Elektrotechnik tätigen Personen

Register

Abgasleitungen	46f.	Brandlast	35ff., 98f.
abgeschlossene elektrische		Brandmeldeanlagen	118, 122
Betriebsstätten	13, 43ff., 91	Brandmelder	110, 132f.
Abschottungen	56f., 65, 105, 112ff.	Brandwände	39, 44, 60
allgemein zugängliche Flure	99ff.	brennbare Flüssigkeiten	82, 134
Anlagen über 1kV	44ff.		
Anpassungen	13f.	CE-Zeichen	26f.
Aufzüge	118f., 122f.		
		Doppelböden	54, 98, 110f.
Basisisolierung	62	Durchbrüche in Altbauten	117f.
Batterieräume	45, 47ff.	Durchgangsverdrahtung	69
Baugenehmigungsbescheid	12	Dübel	105
Bauprodukte	25ff.		
Baustoffe der Klasse A1	31f.	Einbauleuchten	97
Baustoffe der Klasse A2	32	Einheitstemperaturzeitkurve	30
Baustoffe der Klasse B1	32	Einrichtungsgegenstände	80ff.
Baustoffe der Klasse B2	33	Einzelladeplätze	50
Befestigung von		Elektro-Installationskanäle	57f., 78
Installationsschächten	60, 105	elektroakustische Rufanlagen	118, 122
Befreiung	11, 14	Entflammbarkeit	23f.
Belehrung	17	Enthalpie	25
Bestandsschutz	13ff.	Erdableitwiderstand	49
Blitzschutz	66	Erdungswiderstand	88
Blitzschutzanlagen	64, 86ff.	Explosionsgefahr	48f., 66, 82
Brandabschnitte	39, 123		
Brandentwicklung	19, 22f.		

Feuerstätten	53	Ladegeräte	49f.
Feuerwiderstandsdauer	29f.	Ladestationen	49
Feuerwiderstandsklasse	29f., 33f. 96	leichtentflammbare Stoffe	24
Flammpunkt	82, 137	Leuchtröhrenanlagen	71
Funktionserhalt	28f., 118ff.	Lichtbögen	21f.
		Lichtbogenlänge	22
Gebäude geringer Höhe	40	lichtbogensichere Trennung	91f.
Gebäude mittlerer Höhe	40	Lüftungsleitungen	45, 47f.
Gefahrklassen	82, 84, 137	Luftwechsel	48
Gerätedosen	94f.		
Glühlampen	20	Meßeinrichtungen	90
		Möbel	80ff.
halogenfreie Leitungen	101f.		
Halogenlampen	72	Netzersatzanlagen	46f.
Hauptverteiler	91	Niedervoltbeleuchtungsanlagen	72ff.
Hausanschlüsse	50ff., 75	normalentflammbare Stoffe	24
Hausanschlußeinrichtungen	51		
Hausanschlußräume	50ff.	Oberflächentemperatur	20f, 85
Heizgeräte	76, 85	Oberflächenwiderstand	49
Heizwert	34f.	offene Verlegung	102
Hochhäuser	13f., 92f.	Öltransformatoren	46
Hohlraumestrich	54, 98, 109		
Hohlwände	77, 79f.	PCB	46
Holzhäuser	75	Prüfung des Brandschutzes	131ff.
		Prüfzeichen	26
Innenbeflammung	28		
Installationskanäle	55ff., 104ff.	Rauch- und Wärmeabzugs-	
Installationsschächte	55ff., 104ff.	anlagen	118, 123
Isolationsüberwachungs-		raumabschließende	
einrichtungen	76, 133	Wände	58, 105, 138
		Restwanddicken	95f.
Kabelabschottungen	113ff.	Rettungswege	41, 57, 89ff., 97ff.
Kabelanlage	54, 66, 119, 135	Revisionsöffnungen	28
Kabeltemperaturen	62, 124ff.	Rezeptmauerwerk	103
Kennzeichnungspflicht	26	Schächte	53
Kleinverteiler	79	Schlitze	103f.

Schott	56f., 65, 105, 112ff.	Unterdecken	90, 97, 99, 106f.
Schutzgläser	84	Unterflurinstallation	109f., 119
schwerentflammbare Stoffe	24	unter Putz	103, 126
Sicherheitsbeleuchtung	118, 121	Unterverteiler	92f.
Sicherheitsstromkreise	64f.		
Sicherheitsstromversorgung	63, 121	**V**erlegearten	99, 103, 119
Symbole	138f.	Vorschaltgerät	70f.
Sicherheitstreppenraum	92, 138		
Sonderbauteile	30f.	**W**ärmeinhalt	25
spezifische Verbrennungswärme	34f.	Wärmekapazität	25
Stegleitungen	62f.	Werksbescheinigung	129
Steigeleitungen	15	Widerstandserhöhung	124ff.
Stromerzeugungsaggregate	46f.	Wiedereinschaltsperre	85, 133
Stromschienensysteme	116	Wohnungen	99f.
Transformatoren	46, 72	**Z**ählerplätze	52
Trennstege	63f.	zeitlicher Temperaturverlauf	23
Trennung	63f.	Zündquelle	20ff.
Treppenräume	52, 99ff.	Zwischendecken-	
		bereich	107f.,
Überwachungsleiter	21, 84f.	Zwischenlagen	52, 78f., 134
Überwachungszeichen	26f.